スラスラわかる

Beginner's Best Guide to Programming

Java
Script

新 版

桜庭洋之、望月幸太郎 著

Hiroyuki Sakuraba, Kotaro Mochizuki

SHOEISHA

本書内容に関するお問い合わせについて

このたびは翔泳社の書籍をお買い上げいただき、誠にありがとうございます。弊社では、読者の皆様からのお問い合わせに適切に対応させていただくため、以下のガイドラインへのご協力をお願い致しております。下記項目をお読みいただき、手順に従ってお問い合わせください。

●ご質問される前に

弊社Webサイトの「正誤表」をご参照ください。これまでに判明した正誤や追加情報を掲載しています。

　　　　正誤表　https://www.shoeisha.co.jp/book/errata/

●ご質問方法

弊社Webサイトの「書籍に関するお問い合わせ」をご利用ください。

　　　　書籍に関するお問い合わせ　https://www.shoeisha.co.jp/book/qa/

インターネットをご利用でない場合は、FAXまたは郵便にて、下記"翔泳社 愛読者サービスセンター"までお問い合わせください。
電話でのご質問は、お受けしておりません。

●回答について

回答は、ご質問いただいた手段によってご返事申し上げます。ご質問の内容によっては、回答に数日ないしはそれ以上の期間を要する場合があります。

●ご質問に際してのご注意

本書の対象を越えるもの、記述個所を特定されないもの、また読者固有の環境に起因するご質問等にはお答えできませんので、予めご了承ください。

●郵便物送付先およびFAX番号

　　　　送付先住所　〒160-0006　東京都新宿区舟町5
　　　　FAX番号　　03-5362-3818
　　　　宛先　　　　（株）翔泳社 愛読者サービスセンター

はじめに

　JavaScriptは数あるプログラミング言語の中でも、とびぬけて活躍の場が広い言語です。Webサイトだけではなくスマホアプリやサーバ・インフラなど、様々な場所で動いています。「初めて学ぶおすすめのプログラミング言語は？」と聞かれたら、「JavaScript」と自信を持っておすすめできます。JavaScriptをマスターすればたいていのことは実現できるようになりますし、特別な環境が必要なく学びやすい点も特徴です。

　本書は、そんなJavaScriptによるプログラミングの基礎文法を中心に、Webアプリケーションを作るのに必要な技術を学ぶことを目的とした入門書です。プログラミングが初めての方にも無理なく習得できるように、なるべく平易な表現を目指しています。JavaScriptが登場したての頃は、言語としては機能が貧弱でしたが、近年ものすごいスピードで進化を遂げているため、本書ではなるべく最新の機能を使って解説をしています。

　プログラミングを習得するには、解説を読むだけではなく、実際に自分の手でコードを書いて動かすことが大事です。ときにはエラーでうまく動かないこともあると思いますが、諦めずに何が問題なのかを探り当てることが大きな成長につながります。ぜひ本書のサンプルコードを参考にコードを書いてみてください。

　本書のゴールは、プログラミングを始めたいけど何の言語がよいか迷っている方や、HTML&CSSは覚えたけど、もっとリッチな表現がしたいという方が、JavaScriptの基礎を理解し、自分の想像するWebアプリケーションを作るための第一歩が踏み出せるようになることです。それでは楽しんでプログラミングをしましょう。Enjoy Hacking！

桜庭 洋之、望月 幸太郎

本書について

　本書は、プログラミングがまったく初めてという方に向けて、JavaScript に関する技術を基礎からやさしく解説した入門書です。すでに JavaScript を書いたことのある人にとっても、体系的に知識を身につけるのに役立つ内容となっています。全部で16の章に分かれており、各章でプログラミングや JavaScript の特定のテーマについて解説します。読み終える頃には、JavaScriptのプログラムを作るために最低限必要な知識が身についていることでしょう。

　各章には以下の要素があり、理解を助けます。

1. 章の内容をイラストで紹介

　各章の冒頭には、内容を4コママンガで紹介するコーナーがあります。どんなことを学ぶのかわかりやすくなっています。

2. 本編の解説

　初めての方でも理解できるよう、丁寧に説明しています。

3. たくさんの図解

　文章による説明の理解を助けるため、図を使って補足しています。イメージをつかみやすくしています。

4. Column

　説明の流れから外れますが、今後のために知っておいた方がよい情報などをまとめています。

5. 豊富なサンプルプログラム

　各章では、サンプルプログラムを例に解説をしています。「リスト」として掲載しているサンプルプログラムは、翔泳社のWebページからソースコードをダウンロードできます。ダウンロードの方法は、後掲の「サンプルのダウンロードについて」をお読みください。

（例）　リスト1-3 ┃ 再代入（reassignment.js）────○ の中がソースコードのファイル名

```
let price = 100; // 宣言時に一度100を代入している
price = 200; // 200を再代入している
console.log(price);
```

　なお、紙面の都合上、コードが折り返してあるところは ⏎ で示しています。実際のコードでは次の行とつなげて書いてください。

6.チェックテスト

　解説の途中にはチェックテストを用意しています。理解度をはかるために、ぜひチャレンジしてみてください。

学習の進め方

とにかく書いてみよう

　プログラミングの学習は、英語や数学の学習と同じように、本を読むだけではなく実際に使ってみることが大切です。本書を読みながら紙面上のコードをそのまま自分でタイピングし、実行してみてください。自分の手を動かす過程において、思考や疑問が生まれたり、プログラミングに馴染んでいく感覚を手に入れたりすることができます。そういった経験の積み重ねが、プログラミングを上達させる素地になります。

いろいろ試してみよう

　手を動かしてみると「こう書いたらどうなるんだろう？」といった疑問が湧く瞬間があるはずです。そういうときは、すぐに試してみましょう。プログラミングのよいところは、思いついたらすぐに試せて結果が出てくるところです。ときには、うまく動かないこともあるでしょう。しかし、失敗を恐れないでください。書いたコードがエラーになったとしても何も失いません。むしろ失敗することで「これでは動かないんだ」という知識と経験を手に入れることができます。こういった試行錯誤を繰り返すことが、学習効率を上げるポイントです。

調べる習慣をつけよう

　プログラミングをしていく中で、「これを実現するにはどうすればいいんだろう？」「このエラーはどういう意味だろう？」などの疑問や、理解できない部分に遭遇することがあります。そういったときは疑問を放置せず、調べる習慣を身につけることが大事です。プログラムのエラーについては、本書の「Appendix」で対処法を解説をしています。エラーが発生した場合はエラーメッセージをよく読み、調べて自分の知識としていきましょう。こういった調べる習慣が、持続的なプログラミング学習へとつながっていきます。

本書の流れと各章の特徴

　本書の解説は次のような流れで進んでいきます。

学習の準備をする

　まず第1章から第2章で、JavaScriptがどのような言語なのかを解説し、コードを書く準備をしてから、簡単なコードを書いて基本ルールを学びます。

基本文法を学ぶ

　第3章からはJavaScriptの基本文法を学んでいきます。第3章ではプログラミングに重要な変数について、第4章ではJavaScriptが扱うデータ型や演算のルールについて解説をします。

　第5章では複数のデータをまとめて扱える便利な配列について、続く第6章ではプログラミングの強力な機能、条件分岐の文法について学びます。第7章では繰り返し処理、第8章では関数の使い方と作り方について解説します。ここまでの内容でプログラミングらしいコードが書けるようになるでしょう。

　第9章ではJavaScript特有のオブジェクトについて解説し、第10章ではJavaScriptに最初から組み込まれている便利な機能について学んでいきます。

実践的な内容を学ぶ

　そして第11章以降ではWebアプリケーションを作るための実践的な解説に入ります。第11章ではHTMLやCSSの簡単な使い方を、第12章ではブラウザが提供する便利な機能について解説します。第13章と第14章ではDOMと呼

ばれる Web ページを操作するための機能について学習し、第15章ではサーバ
との通信処理について学びます。最後に、第16章では総合演習として、実際
にいくつかのミニアプリを作ってみましょう。

サンプルのダウンロードについて

　本書に掲載しているサンプルプログラムのソースコードは、本書の付属デー
タとして以下の Web ページからダウンロードできます。

サンプルプログラムのダウンロード

https://www.shoeisha.co.jp/book/download/9784798173269/

Appendix（会員特典）について

　紙面の都合上、本編では紹介できなかった文法や機能をまとめた「Appendix」
の PDF を特典として提供しています。最新機能の紹介やエラーに遭遇したとき
の対処などを解説しているので、ぜひ参考にしてください。
　特典のダウンロードには、SHOEISHA iD（翔泳社が運営する無料の会員制度）
への会員登録が必要です。詳しくは以下の Web ページの内容をご覧ください。

Appendix（会員特典）のダウンロード

https://www.shoeisha.co.jp/book/present/9784798173269/

サンプルプログラムの動作環境について

　本書に掲載しているサンプルプログラムの動作確認は、主に以下の環境で行
いました。

- OS：Microsoft Windows 10（64bit）
  macOS Monterey バージョン12.4

目次

C O N T E N T S

第 **1** 章

JavaScriptの
紹介と準備

さっそく JavaScript を学んでいき
ますが、まず第1章ではJavaScript
が何者なのかという紹介とコー
ドを書く準備をします。きちんと
準備をしてから、楽しくJavaScript
を学んでいきましょう。

この章で学ぶこと

1 _ 1 JavaScriptとは

みなさんは JavaScript がどのような言語かご存じでしょうか。本書を手にとっ
て読んでいる以上、なんとなくは認識しているのでしょう。JavaScript は Web
サイトを作るのに必要不可欠なプログラミング言語として有名です。

歴史は古くインターネット黎明期からずっと活躍し続け、今では Web サイト
に留まらず、スマホのアプリケーション作成や、サーバで動くようなプログラ
ミングなど、活躍の場を広げています。

そして最もよく使われている Web サイト上で動く JavaScript は、個々の Web
ページに様々な「動き」を生み出すことができます。Web ページ上の動きとは、
例えば以下のようなものがあります。

- ボタンを押したら、ボタンのデザインが変わる
- ページをスクロールすると、途中で広告バナーが表示される
- 入力フォームで、内容を間違えると「正しく入力してください」とエラーが表示さ
  れる

この他にも様々な機能を実現できる JavaScript は、快適な Web サイトを作る
上でなくてはならないものとなっています。このように Web サイトを作るプロ
グラミングのことを、Web プログラミングと呼びます。

プログラミングといってもたくさんの言語がありますが、初心者でも簡単に
書き始めることのできる JavaScript は、おすすめのプログラミング言語です。
難しく感じるところもあるかもしれませんが、いきなりすべてを完璧に理解で
きる人はいません。つまずいたときこそ、本書を読み返して、手を動かしなが
らいろいろと試してみてください。それが理解につながるはずです。

まず本章では、JavaScript がどのようなプログラミング言語なのかを説明し、
JavaScript でプログラミングをするための準備をします。さっそく JavaScript を
書きたい人は第2章「JavaScript を書いてみよう」に進んでください。

Web サイトを構成するもの

JavaScriptの説明の前に、Webサイトを構成する**クライアント**と**サーバ**について説明します。まずこの2つの関係性を理解しておくことが、Webプログラミングを学んでいく上でとても重要です。

みなさんが普段ブラウザを通して閲覧しているWebサイトは、サーバと呼ばれるインターネット上のコンピューターから配信されています。そして配信されたWebサイトはクライアントと呼ばれるブラウザで受け取られ、表示されています。

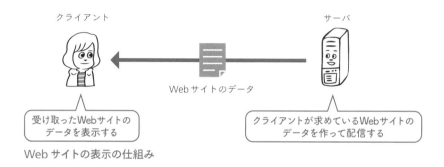

受け取ったWebサイトの
データを表示する

クライアントが求めているWebサイトの
データを作って配信する

Web サイトの表示の仕組み

そして、SNSで投稿をしたり、ECサイトで商品を購入したりといった操作をクライアントからサーバに送信します。サーバはクライアントからの操作データを受け取り、適切な処理を実行します。

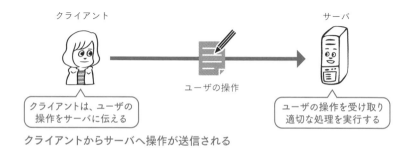

クライアントは、ユーザの
操作をサーバに伝える

ユーザの操作を受け取り
適切な処理を実行する

クライアントからサーバへ操作が送信される

このように、Webサイトの処理はクライアント側と、サーバ側の大きく2つに分かれます。一般的にクライアント側の処理のことをクライアントサイド、サーバ側の処理のことをサーバサイド・バックエンドなどと呼びます。

JavaScript が活躍する場

JavaScriptは「ブラウザ上」で動作する（特にWebページに「動き」をつけるための）プログラミング言語と説明しました。しかし、冒頭にも説明したように、JavaScriptの活躍の場はブラウザ上に留まりません。本書では取り扱いませんが、Node.jsという環境を使うことで、PHPやPythonなどと同じようにJavaScriptも「サーバ上」で動作させることができます。

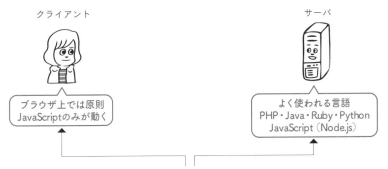

クライアント

サーバ

ブラウザ上では原則
JavaScriptのみが動く

よく使われる言語
PHP・Java・Ruby・Python
JavaScript（Node.js）

JavaScriptはどちらの開発もできる

クライアントとサーバの双方で使われる JavaScript

クライアント側だけでなくサーバ側の開発もできるJavaScriptは、幅広い場所で使えるため、学習対効果の高いプログラミング言語です。本書ではクライアント側での利用をメインに解説しますが、本書を読んだ後にサーバ側の開発についても学んでみると、JavaScriptを使ったプログラミングの幅が広がるのでおすすめです。

クライアント側の JavaScript と Web ページ

　本書で扱うクライアント側の JavaScript の役割は、Web ページに「動き」をつけることと説明しました。しかし Web ページは JavaScript の他に、HTML や CSS と呼ばれる技術によって構成されています。この三要素の関係性を理解することが、ブラウザで動く JavaScript のプログラミングをする上でとても重要です。

🌑 Web ページを構成する三要素

- JavaScript
- HTML
- CSS

　HTML は、Web ページの見出しや文章、画像などコンテンツそのものを記述する役割、CSS は、色やサイズなどを指定してページのデザインを決める役割、そして JavaScript は、ボタンをクリックしたときの挙動など、ページに動きをつける役割を担います。

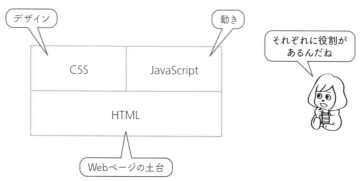

Web ページを構成する三要素の役割

　CSSもJavaScriptも土台となるHTMLの上で、それぞれの役割を果たします。JavaScriptを動かすにはその土台となるHTMLが必要だということを頭に入れておいてください。

　HTMLをまったく学んだことがない人は不安を感じるかもしれませんが「HTMLの基本」は誰でも簡単に理解することができます。本章の後半では、JavaScriptを動かすために簡単なHTMLを書いてみます。またHTMLとCSSの詳しい解説は第11章で行います。

Column

JavaScriptとJavaって関係あるの？

JavaScriptと名前が似ていて有名なプログラミング言語に、Javaがあります。この2つの言語は関係があるのかというと基本的にはまったく別物です。

JavaScriptはFirefoxブラウザの前身であるNetscapeというブラウザを作っていた会社で開発されました。開発当初はLiveScriptという名前でしたが、当時注目されていたJavaの人気にあやかり、マーケティング目的で名前が変更されました。

背景として、インターネット黎明期にInternet Explorerを開発したMicrosoftに対抗すべく、LiveScriptという強力な武器をNetscapeブラウザに実装し、当時注目されていたJavaという名前をつけることでInternet Explorerにはない魅力を打ち出そうとしたようです。

というわけで名前が似ているということしか関係はないのですが、実は開発当初にはJavaの文法を一部取り入れたり、日付に関する機能にJavaのものを使ったりと、あながち完全な別物とも言い切れない部分も歴史上はありました。

1_2 JavaScriptの歴史と アップデート

　JavaScriptは1995年に発表されました。当初は、各ブラウザによって独自の仕様拡張などもあり、JavaScriptを扱うには難しさがありました。同じJavaScriptのコードを書いたとしてもブラウザによって動いたり、動かなかったりしたのです。また昔の古いパソコンはスペックが低く、JavaScriptがまともに動かない環境もあったため、Webサイトを作る際はJavaScriptの使用を避けるという流れもありました。

　しかし、2005年にJavaScriptのAjax^{エイジャックス}という新しい機能を用いたGoogle Mapsがリリースされたことで、JavaScriptの利用が一気に世の中に広まりました。従来の地図アプリは、地図の移動をするために上下左右のアイコンをクリックする必要があり、移動先の地図を都度読み込み直していました。読み込みには時間がかかり、細かな移動がしにくいモタついた体験が普通でした。しかしGoogleMapsはAjaxを使うことで、マウスのドラッグ操作だけで、任意の場所の地図に素早く移動できる体験を実現したのです。

　JavaScriptはGoogle MapsのAjaxのような機能追加が継続的に行われています。このような機能追加などの仕様策定は、Ecma Internationalという国際的な標準化団体で行われています。ちなみにEcma Internationalにはブラウザを開発しているMicrosoftやGoogle、Appleなど多くのIT企業が参加し日々議論をしています。

　Ecma Internationalが仕様を策定している規格はECMAScript^{エクマスクリプト}と呼ばれています。JavaScriptはこのECMAScript規格をベースに作られており、関係性が若干わかりにくいのですが、実質同じものを指していると認識してもらって大丈夫です。

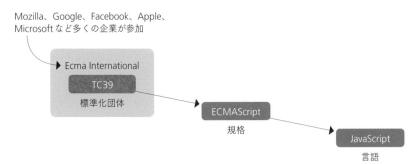

Mozilla、Google、Facebook、Apple、Microsoft など多くの企業が参加

Ecma International
TC39
標準化団体

ECMAScript
規格

JavaScript
言語

JavaScript と ECMAScript

　ECMAScriptにはバージョン名がつけられています。バージョン名は当初、ES1、ES2、ES3と続いていましたが、2015年以降は毎年アップデートを行うことからES2015、ES2016と策定された年をつける形になりました。2022年現在はES2022の策定が行われています。

| ES1 | … | ES5 | ES5.1 | | ES2015 | ES2016 | ES2017 | ES2018 | ES2019 | ES2020 |
| 1997 | | 2009 | 2011 | | 2015 | 2016 | 2017 | 2018 | 2019 | 2020 |

ECMAScript の変遷

1 3 JavaScriptを書く準備

プログラムを書くためには必要なツールが様々ありますが、JavaScriptを書くために最低限用意しなければならないのは**ブラウザ**と**エディタ**の2つだけです。ブラウザもエディタもたくさんの種類がありますが、本書では以下の2つを使用します。どちらも非常によく使われているアプリケーションで、Web上にもたくさんの情報があり、初学者におすすめです。

- Google Chrome（ブラウザ）
- Visual Studio Code（エディタ）

Google Chrome（以下Chrome）には、JavaScriptのコードを書いて動かす簡易なエディタ機能が備わっているので、Visual Studio Codeを用意しなくても簡単なコードであればChromeだけで試すことができます。本書の第2章から第10章までの基本文法は、Chromeだけ用意しておけば学習を進められます。

Chrome のインストール方法

ブラウザはパソコンでWebページを閲覧するためのアプリケーションで、有名なものではChrome、Firefox、Safari、Edgeなどがあります。その中でもChromeは、最も多くのユーザに利用されており、また開発者がWebページを作成する際に役立つ機能も備えています。そこで本書では、ブラウザとしてChromeを用いて解説を進めていきます。まだChromeをインストールしていない方は、以下の解説に沿ってインストールしてみてください。

まずGoogleなどの検索エンジンで「Chrome」と検索して、公式サイトを開いてください。または、次のURLからアクセスすることもできます。

```
https://www.google.com/intl/ja_jp/chrome/
```

Chrome のダウンロード画面

このページから、Chromeのインストーラをダウンロードすることができます。

● Windowsの場合

ダウンロードしたChromeSetup.exeをダブルクリックすると「このアプリが PCに変更を加えることを許可しますか？」とポップアップが表示されます。「い いえ」を選び、その後に表示される「Google Chromeは管理者権限なしでイン ストールできます。続行しますか？」に対して「はい」を選びます。

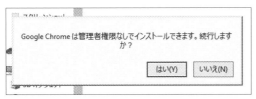

Chrome のインストール（Windows）

その後は、自動的にインストールが進み、しばらくすると Chrome を使える
ようになります。

インストール中のウインドウ（Windows）

● Macの場合

ダウンロードしたgooglechrome.dmgをダブルクリックすると、Chromeのイ
ンストーラが起動します。

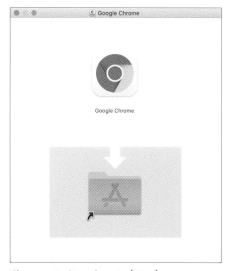

Chrome のインストール（Mac）

Chromeのアイコンを下のフォルダにドラッグアンドドロップすることでイ
ンストールが開始します。

Visual Studio Code のインストール方法

エディタはコードを書くためのツールです。Windowsであればメモ帳、Macであればテキストエディットといったアプリケーションでもコードを書くことは可能です。しかしプログラムのコードを書くのであれば、それに特化したエディタを使う方がよいでしょう。

本書で使う Visual Studio Code（ビジュアル スタジオ コード）は、コードを書くための便利な機能が豊富で、多くの開発者に利用されている最もメジャーなエディタです。無料で、初心者にもおすすめなので、ぜひインストールして使ってみましょう。

Googleなどの検索エンジンで「Visual Studio Code」と検索して、公式サイトを開きます。次のURLからもアクセスできます。

https://azure.microsoft.com/ja-jp/products/visual-studio-code/

Visual Studio Code のダウンロード画面

この先のページで、Visual Studio Codeのインストーラをダウンロードすることができます。利用しているOSによって選択するボタンが異なります。

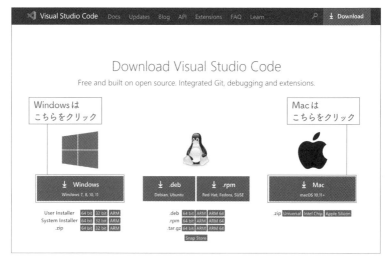

利用している OS に応じてボタンをクリックする

● Windowsの場合

　ダウンロードしたVSCodeUserSetup.exeファイルをダブルクリックするとインストールのダイアログが表示されます。最初に使用許諾契約書に同意してから、いくつか設定の画面が続きますが、デフォルトのまま進めます。

使用許諾契約書（Windows）

無事にインストールが完了すると Visual Studio Code を起動することができます。

◉ Macの場合

　ダウンロードしたVSCode-darwin-universal.zip ファイルをダブルクリックすると Visual Studio Code.app というファイルが展開されます。このファイルをアプリケーションフォルダにドラッグアンドドロップすることでインストールが完了します。

Visual Studio Code のインストール（Mac）

　インストールしたVisual Studio Code を起動するとこのように表示されます。

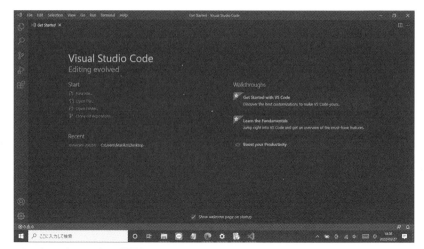

Visual Studio Code の画面

　お疲れ様でした。これで無事にブラウザとエディタのインストールが完了し、JavaScriptでプログラミングをする準備が整いました。それではいよいよ第2章からJavaScriptを学んでいきましょう。

第 **2** 章

JavaScriptを書いてみよう

プログラミングを学習するには、とにかくコードを書いてみることが重要です。JavaScriptはブラウザを使うことで簡単にコードを書いて動かすことができます。ブラウザの使い方と、基本的なルールについて学んでいきましょう。

この章で学ぶこと

1＿ブラウザを使ってコードを書く

2＿JavaScriptの基本ルール

___1 ブラウザを使ってコードを書く

それではいよいよJavaScriptのコードを書いてみましょう。通常、プログラムはファイルを作成し、そこにコードを記述していきます。しかし、JavaScriptの場合はChrome（クローム）を用いてJavaScriptのコードを簡単に動かすことができます。とても便利な機能なので、基本文法を学ぶ際はこの機能を使いながら学習を進めましょう。まだChromeがインストールされていない場合は第1章を参考にインストールしてください。

Chromeのデベロッパーツール

Chromeには**デベロッパーツール**という便利なツールが用意されています。Webアプリケーションを開発するエンジニアにとっては重宝するツールで、HTMLのソースコードを見たり、通信状況を確認したりと様々なことができます。デベロッパーツールを使うことで、JavaScriptを簡単に動かすことができます。

さっそくデベロッパーツールを開いてみましょう。Chromeの画面の右上にある3つの点のマーク「⋮」から「その他のツール」→「デベロッパーツール」と選択します。

デベロッパーツールを開くステップ

すると以下のようにブラウザの右側にデベロッパーツールが表示されます。

デベロッパーツール

　デベロッパーツールにはたくさんの機能があり、最初は戸惑うかもしれませんが、JavaScriptを書くために使うのは1つの機能だけなので安心してください。

デベロッパーツールの上部に「Console」（日本語の場合はコンソール）と書か
れている部分をクリックしてください。

Console（コンソール）の表示

　すると、広い入力エリアが現れます。「>」の記号の横で点滅しているカーソ
ルの部分にJavaScriptのコードを書くことができます！

初めてのコード

それではいよいよ JavaScriptのコードを書いていきます。以下のコードをコンソールに書いてみましょう。このコードはコンソールに「Hello World」という文字を表示するコードです。`console.log()`の部分は、今は「おまじない」だと思って無心で書いてください。最後のセミコロン（;）まで書いたら［Enter］キーを押します。

```
console.log('Hello World');  ← 最後まで書けたら［Enter］を押す
```

実行結果
```
Hello World
```

コンソールで文字列の表示

Hello Worldとコンソールに表示されれば見事成功です！　簡単ですね。
Hello Worldの下に表示されるundefinedという文字が気になった方もいるかもしれませんが、これはエラーなどではないので、今は気にしなくて大丈夫です。8-2節「関数の書き方」のコラムにて、undefinedが表示される仕組みを紹介しています。

◉ コンソールで足し算をしてみる

せっかくなので、もう少しコードを書いて見ましょう。1 + 2を計算してその結果をコンソールに表示させましょう。先ほどと同様に以下のコードを書き、エンターを押してください。

```
console.log(1 + 2);
```

実行結果

```
3
```

コンソールで計算

無事に3という結果が表示されれば成功です。これも簡単ですね。先ほどの`console.log('Hello World');`のときは、文字をシングルクォーテーション（'）で囲みましたが、今回は数字を'で囲まずにそのまま記述していることに注意してください。この違いについては、第3章で詳しく解説します。

● console.log()とは?

先ほどconsole.log()はおまじないのようなものと説明しましたが、このコードの役割について説明しておきます。console.log()は()の中のコードを評価し、その評価結果をコンソールに表示するという機能を持ちます。先ほどconsole.log(1 + 2);というコードを書きましたが、これは1 + 2というコードを評価し、その結果である3をコンソールに表示するという意味です。

● console.log()は使わなくてもよい?

実は、Chromeのコンソールでは、console.log()を使わなくても、コードの評価結果を知ることができます。例えば、console.log()を書かずに1 + 2とだけ記述して[Enter]キーを押してみてください。

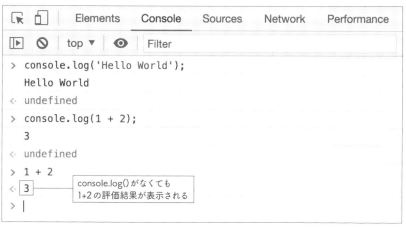

console.log() を使わないコード

問題なく3と表示されています。これはChromeのコンソールの便利な機能です。ちょっとしたコードを試す場合は、このようにconsole.log()を使わなくても構いません。

🕑 本書における表記について

　`console.log()`を省略しても Chrome が勝手にやってくれるなら、わざわ ざ書かなくていいじゃないかと思われるかもしれませんが、本書のサンプルコー ドでは基本的に `console.log()` を記載します。どのコードがどのような振 る舞いをするのか明確に伝えるため、`console.log()` を記述し、それに対 応する実行結果を明記するスタイルで統一しています。

■ Check Test

Q1 `console.log()` の役割で正しいものを選んでください。

Ⓐおまじないのようなもの

Ⓑ括弧の中のコードを評価し、その評価結果をコンソールに表示 する

Ⓒ今まで実行したコードのログをコンソールに表示する

2-2 JavaScriptの基本ルール

JavaSriptを書く際の最低限のルールを解説します。この先の学習の土台となるルールなので、しっかりと押さえておきましょう！

基本ルール

- 半角文字を使う
- 大文字と小文字は区別される
- 文字列はシングルクォーテーション（'）、
  またはダブルクォーテーション（"）で囲む

　初めてプログラムのコードを書くときは、様々なエラーに遭遇します。上記の基本ルールを守れていない場合もエラーが発生するので、しっかりと頭に入れておきましょう。以下のコードを例に、基本ルールを確認してみましょう。

```
console.log('こんにちは');
```

　上のコードは、Chromeのコンソールに「こんにちは」という文字列を表示するコードです。

　console.log()という命令文は半角で記載する必要があり、全角で記載するとエラーとなります。基本的に英数字と記号は半角で入力してください。

```
ｃｏｎｓｏｌｅ.ｌｏｇ（'こんにちは'）；  ← エラーになる
```

　大文字と小文字は区別されるので、console.LOGなどのように大文字を使った場合もエラーとなります。

```
console.LOG('こんにちは');  ← エラーになる
```

　データとして文字列を扱いたい場合はシングルクォーテーション（'）、また
はダブルクォーテーション（"）で囲む必要があります。文字列をクォーテーショ
ンで囲まない場合もエラーとなります。

```
console.log(こんにちは);  ← エラーになる
```

行末のセミコロンと文の区切り

　これまで見てきたコードには、行末にセミコロン（;）が書かれていました。
このセミコロンの役割について簡単に説明をしておきます。
　JavaScriptがコンピューターに指示を与えるひとまとまりのコードを**文**と呼
びます。JavaScriptの場合、この文の区切りにセミコロンを書くというルール
があります。そのため、例えば2つの文を改行をせずに1行で書く場合は以下
のように書くことができます。ぜひChromeコンソールで試してみてください。

```
console.log('こんにちは'); console.log('こんばんは');
```

● 波括弧も文の区切りになる

　セミコロンの他にもう1つ、JavaScriptにおいて文の区切りを表現する記号
があります。それが波括弧（{}）です。波括弧も文の区切りを表すため、後
ろにはセミコロンをつける必要はありません。以下のサンプルコードを見てく
ださい。この1行のコードも1つの文なのですが、{}を使っているためセミコ
ロンを書く必要はありません。まだ詳しい文法を説明していないので、if
(true)などの記述にギョッとするかもしれませんが、今は意味を理解できな
くて構いません。

```
//  行末にセミコロンをつけなくてもよい例
if (true) { console.log('aは1より大きい'); }
```

　これから先、様々なサンプルコードを見ることになりますが、すべての行の
末尾にセミコロンがあるわけではありません。その理由が波括弧の存在ですの
で、このルールも頭の片隅に置いておきましょう。

⚙ 行末のセミコロンは省略できるが……

　実は、行末のセミコロンは書かなかったとしても、JavaScriptが自動で挿入
してコードを解釈してくれるためエラーになりません。しかし、この自動挿入
機能に頼ったコードは、思わぬところでエラーとなってしまうことがあります。
無用な心配をしないためにも、セミコロンは記載するようにしましょう。

┃ スペースと改行について

　JavaScriptのコードは多くの場合、自由にスペースや改行を挿入することが
できます。極端な例ですが、例えば以下のように書いても正常に動作します。

```
console.log     ('こんにちは'); //  正常に動作する

console.log(
    'こんにちは'); //  正常に動作する
```

　もちろん上のようなコードは読みづらくなるだけなので、不要なスペースや
改行は入れるべきではありません。しかしボリュームの大きいコードを書く場
合は、スペースや改行を使い読みやすくする工夫が必要です。
　本書のサンプルコードの多くは、以下のようなスタイルで書いています。

```
if (true) {
  console.log('こんにちは');
  console.log('こんばんは');
}
```

{}で囲まれたコードは先頭にスペースを2つ挿入して開始位置をずらしています。このように行頭に空白を挿入して見やすくすることを字下げ（インデント）と呼びます。インデントの空白は、スペースの代わりに［Tab］キーを使って入れる方法もあります。またスペースを挿入する場合も、その数に決まりはありませんが、本書ではスペースを2つで統一しています。

コード中のコメント

コメントはコード中に自由に記載できるメモのようなものです。コメントはプログラムに一切影響を与えないので、どのような文字を使用してもエラーになりません。JavaScriptのコメントは、1行ずつ書くものと、複数行にわたって書くことのできるものの2種類があります。

1行ずつ書くコメントは//を使い、//以降の文字列がコメントになります。行の途中からでも書くことができます。

```
// これはコメントです。

console.log('hello'); // これもコメントです
```

複数行にわたるコメントは/*と*/で囲みます。

```
/*
複数行にわたって
コメントを書くことができます
*/
```

本書のサンプルコードでも解説の補足としてコメントを使用していますが、主に1行コメントの // を用います。

> **Check Test**
>
> **Q1** 正しく動くものをすべて選んでください。
>
> Ⓐ `Console.LOG('コンソール')`
>
> Ⓑ `console.log　('コンソール')`
>
> Ⓒ `console . log('コンソール')`
>
> Ⓓ `console.log(コンソール)`
>
> Ⓔ `console.log('コンソール');`
>
> **Q2** コメントの説明で正しいものをすべて選んでください。
>
> Ⓐ コメントはコードの実行には何も影響を与えない
>
> Ⓑ `//`以降の文字列がコメントになる
>
> Ⓒ `#`以降の文字列がコメントになる
>
> Ⓓ `/*`と`*/`で囲んだ文字列がコメントになる

第 3 章

変数

変数はプログラミングにおける最も基本的な要素です。コードを書きながら変数の概念と使い方を学びましょう。JavaScriptには変数の書き方が2種類あるので、その違いも押さえましょう。

変数とは

第3章から第10章まで、JavaScriptの基本について学んでいきます。初めてプログラミングを学ぶ人にとっては、聞き慣れない用語が次々と現れるかもしれませんが、1つずつ丁寧に解説していきます。基本的な概念は、応用を学ぶ上でも大切であり、またその多くは JavaScript 以外のプログラミング言語にも共通したものです。しっかりと身につけることで、この先のプログラミング学習を効率的に進めることができるでしょう。

「変数」はプログラミングにおいて最も基礎的な要素ですが、初めてプログラミングを学ぶ人にとっては当然馴染みのないものでもあります。本節では「変数」がどのようなもので、なぜ必要となるのか、そして、その特徴について解説します。

変数のイメージ

プログラムを書くとき、私たちは様々なデータを扱います。そのデータは繰り返し使われることもありますし、書き換えられることもあります。変数はそのデータを入れておく箱のようなものです。

例えば、下図のように「氏名」という名前のついた箱に「Alice」という文字

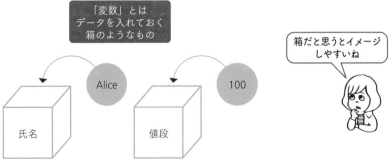

変数はデータを入れておく箱のようなもの

列を入れたり、「値段」という名前のついた箱に「100」という数値を入れるイメージです。この箱が変数です。

箱にデータを入れておくことで、コンピューターはその箱に入っているデータを一時的に記憶することができます。プログラムはこの記憶されたデータを使い様々な処理を行います。

■ なぜ変数が必要なのか

例えば、「消費税8%の商品A（100円）」と「消費税10%の商品B（200円）」の税込の合計金額を計算したいとします。紙とペンを使ってこの計算をする場合、どのような手順になるでしょうか。おそらく次のような流れになるはずです。

- まず商品Aの税込金額を計算してメモ
- 続いて商品Bの税込金額を計算してメモ
- メモしておいた2つの金額の合計を計算

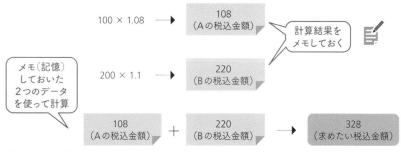

紙とペンで計算する場合

このように、途中の計算結果をメモしておき、そのメモを使って求めたい合計金額を計算するのではないでしょうか。実はコンピューターを用いたプログラムの場合も、同じような手順を踏むことになります。

プログラムの場合は、紙のメモの代わりに「変数」を使います。「消費税8%のAの税込金額」と「消費税10%のBの税込金額」のデータをそれぞれ変数に入れることで、一時的に記憶させ、それらを用いて最終的な計算結果を得ることができます。

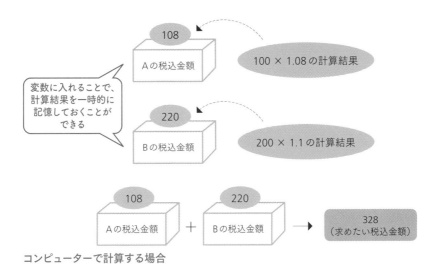

コンピューターで計算する場合

　もしも変数がなかったらどうなるでしょうか？　人が計算するときに紙にメモができないのと同じで、複雑な計算を一度に行わなければなりません。簡単な計算であれば変数を使わずに行うことも可能かもしれませんが、コンピューター上のあらゆる複雑な処理を、変数を使わずに行うのは現実的ではありません。

変数の特徴

　変数は箱のようなものと説明しました。変数はまさに箱と似たような以下の特徴を持ちます。

- 変数（箱）にデータを入れることができる
- 変数（箱）に入っているデータを上書きすることができる
- データの入っていない変数（箱）を用意することができる

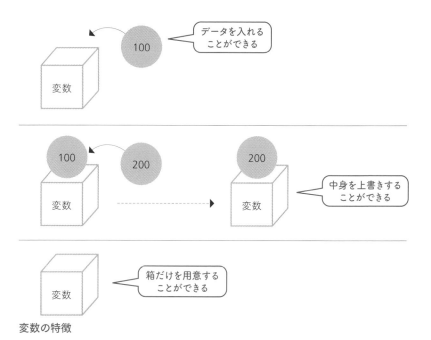

変数の特徴

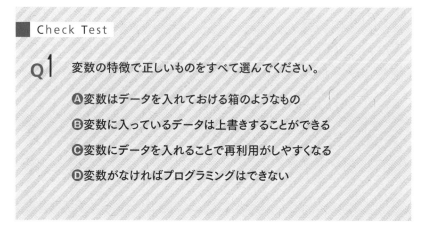

3 — 2 変数の書き方

それでは変数をコードとして記述する方法について見ていきましょう。JavaScriptで変数を記述する方法は2通りあります。それぞれletとconstというキーワードを使います。letを使った変数は前節で紹介した変数の特徴をすべて満たしますが、constを使った場合は機能が制限されます。まずはletの使い方を学び、変数の基本を押さえましょう。

letを使った変数の書き方

● 変数宣言

変数を用意し、使えるようにすることを**変数宣言**といいます。また、変数の名前を**変数名**、変数に入れるデータを**値**といいます。letキーワードを使って変数を宣言するコードは以下のようになります。

> 構文 | letによる変数宣言

```
let 変数名 = 値 ;
```

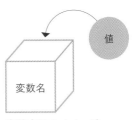

変数宣言のイメージ

letキーワードに続けて**変数名 = 値**と書くことで、変数を宣言することができます。宣言をするときに設定する値を**初期値**と呼びます。具体例を見てみましょう。

```
let price = 100;
let name = 'Alice';
```

1行目は「price」という変数に「100」という数値を入れています。2行目は「name」という変数に「Alice」という文字列を入れています。文字列を値として扱う場合にはクォーテーションで囲む必要があります。

● 変数を利用する

宣言した変数を使ってみましょう。変数を利用するには、変数名をそのまま記述するだけで構いません。例えば`console.log()`を使って、変数の中身を表示するコードは以下のようになります。実際にコンソールで1行ずつ入力してみましょう。

| リスト3-1 | 変数を使う (use_let_variable.js) |

```
let price = 100;
console.log(price); // ❶

let name = 'Alice'; // 文字列のAliceはシングルクォーテーションで囲んでいる
console.log(name); // ❷
```

実行結果

```
100 ─────── ❶
Alice ────── ❷
```

なお、上のコードには変数の中身を表示する箇所が2つありますが、実行結果との対応がわかりやすいよう、それぞれに❶❷と番号を振っています。以降同様に、複数の実行結果がある場合は、コードと結果の対応を番号で示します。

プログラムを1行ずつ入力して［Enter］を押した場合は、次の画像のような実行結果になります。もしリスト3-1の複数行のコードをまとめて貼り付けて［Enter］を押した場合は、途中の`undefined`は省略され、実行結果が続けて表示されます。

2 変数の書き方

```
  ┌ ┐ │  Elements   Console   Recorder ⚷   Sources   Network
  ▷ ⊘ │ top ▼ │ ⦿ │ Filter
  >  let price = 100;
  ⤶  undefined
  >  console.log(price);
     ┌─────┐                 ┌──────┐
     │ 100 ├─────────────────┤ 実行結果 │
     └─────┘                 └──────┘
  ⤶  undefined
  >  let name = 'Alice';
  ⤶  undefined
  >  console.log(name);
     ┌───────┐               ┌──────┐
     │ Alice ├───────────────┤ 実行結果 │
     └───────┘               └──────┘
  ⤶  undefined
  >
```

実行結果が表示される

　変数を利用するときは、変数名をクォーテーションで囲まないように注意し
てください。クォーテーションで囲むと、変数と認識されず、文字列として認
識されてしまいます。

リスト3-2 変数はクォーテーションで囲んではいけない！（do_not_use_quotaion.js）

```
let price = 100;
console.log(price);  // ❶正しいコード
console.log('price');  // ❷変数名をシングルクォーテーションで囲んだ誤ったコード
```

┌────────┐
│ 実行結果 │
└────────┘

```
100  ←──────── ❶正しく変数の中身が表示される
price ←──────── ❷変数の中身ではなく、文字列priceが表示される
```

　本来表示したかった100ではなく、priceという単なる文字列が表示され
てしまうので気をつけてください。

🌀 代入とは

変数に値を入れることを<u>代入</u>（だいにゅう）といいます。代入は＝記号を使って以下のように書きます。

構文 ┃ 代入

変数名 ＝ 値；

＝記号は**代入演算子**（だいにゅうえんざんし）と呼ばれるもので、＝記号の左側の変数に右の値を入れます。算数で習うイコールとは別の意味になるので注意してください。

🌀 再代入

すでに値が入っている変数に、値を再び代入することを<u>再代入</u>（さいだいにゅう）といいます。これは図で示している通り、変数の中身を上書きするイメージです。

再代入のイメージ

letキーワードを使った変数に対しては、この再代入が可能となります。

代入するには＝記号を使って、**変数名 ＝ 値**と書きます。以下のコードをコンソールで試して、再代入ができることを確認してみましょう。

リスト3-3 ┃ 再代入（reassignment.js）

```
let price = 100; // 宣言時に一度100を代入している
price = 200; // 200を再代入している
console.log(price);
```

```
200
```

このように、letで宣言された変数は、何度でも再代入により上書きが可能です。

● 初期値を設定しない変数宣言

これまでの例では、変数を宣言する際に初期値を設定していましたが、letを使って変数を宣言する場合は初期値は必須ではありません。初期値を設定しない変数宣言について見ていきましょう。

初期値なしで変数宣言するイメージ

初期値を設定せずに変数を宣言するには以下のように書きます。

構文　初期値なしで変数宣言

```
let 変数名;
```

これまでは=記号を使って初期値を設定していましたが、これを省略して書くことができます。

```
let price; // 初期値を設定せず変数を宣言する
```

ここで1つ実験をしてみましょう。初期値を設定せずに変数を宣言した場合、その変数の中身はどのようになっているのでしょうか？　次のコードをコンソールで試してみてください。

リスト3-4 初期値を設定しない変数の中身を確認（without_initial_value.js）

```
let a; // 初期値を設定せずに変数を宣言
console.log(a);
```

実行結果

```
undefined
```

コンソール上では次のように表示されます。

実行結果が表示される

　初期値を設定していない変数aの中身は undefined（アンディファインド）となってしまいました。「undefined」という言葉は日本語で「定義されていない」という意味を表し、undefinedはJavaScriptにおける特別な「値」の1つです。JavaScriptの値の種類は第4章「データ型と演算子」で解説するので、ここでは深入りをせず「変数に初期値を設定しない場合はundefinedになってしまう」ということだけ覚えておきましょう。

column

変数名のつけ方

変数名は一定のルールに従えば自由につけることができます。「aaa」でも「a1a2a3」でもよいです。しかし読みやすいコードを書くには、変数名のつけ方は非常に重要です。名前から何のデータが入っているか想像できるような具体的な名前をつけるのがよいでしょう。例えば、人の名前なら「name」ですし、価格なら「price」などです。また不自然に略すよりは、多少長くなっても一般的な単語表記にするのがおすすめです。

const を使った変数の書き方

ここまで let を使って変数を扱う方法を見てきました。続いてもう1つの方法である const を使った方法を見ていきましょう。

const は let と同様に変数を宣言するためのキーワードです。しかし、let と比較するとできることに制限があります。let と const の機能差分をまとめると以下のようになります。

let と const の機能差分

	let	const
初期値ありの変数宣言	○できる	○できる
再代入	○できる	×できない
初期値なしの変数宣言	○できる	×できない

それでは、const の特徴を順番に見ていきましょう。

● 初期値ありの変数宣言はできる

まず、const も let 同様に初期値を設定しながらの変数宣言が可能です。書き方は let と変わらず以下のように書くことができます。また変数の利用方法も let と違いはありません。

> **構文** const による変数宣言

```
const 変数名 = 値;
```

> **リスト3-5** const で宣言した変数を使う（use_const_variable.js）

```
const age = 20;
console.log(age);
```

> **実行結果**

```
20
```

ここまでは let と変わりがありません。しかし、const のできることは、実はこれがすべてです。ここからは let では可能でしたが、const ではエラーとなってしまう特徴について説明します。

● 再代入はできない

再代入とは、すでに値が設定されている変数に再度代入を行うことでした。これは let では可能でしたが、const ではエラーとなってしまいます。

> **リスト3-6** const で宣言した変数への再代入（const_reassignment.js）

```
const age = 20;
age = 21;  ← ─── エラーになるコード
```

> **実行結果**

```
Uncaught TypeError: Assignment to constant variable.  ← ─
                                        エラーメッセージ
```

⬤ 初期値なしの変数宣言はできない

constを使って変数を宣言する場合は、必ず初期値が必要となります。もしも初期値を設定せずに変数を宣言するとエラーとなります。

リスト3-7 constを使って初期値なしで変数宣言をする（const_without_initialization）

```
const age; ←──────┤ エラーになるコード │
```

実行結果

```
Uncaught SyntaxError: Missing initializer in const declaration←
                                          │ エラーメッセージ │
```

エラーメッセージにSyntaxErrorと書いてありますが、これは直訳すると「構文エラー」です。つまり、JavaScriptの書き方が間違っていますよということを教えてくれています。

C o l u m n

複数の英単語を用いた変数名

変数名に複数の英単語を使いたい場合は、以下のようなスタイルで書くことが多いです。

- first_name
- firstName

単語と単語の間を_（アンダーバー）でつなぐスタイルは「スネークケース」と呼ばれます。1つ目の単語は小文字で書き、2つ目の単語の先頭だけ大文字にしてつなげるスタイルは「キャメルケース」と呼ばれます。どちらがよいということはありませんが、コードを書く際はスタイルが統一されている方がよいでしょう。本書ではキャメルケースに統一しています。

---

const と let の使い分け

　ここまで見てきたように変数を宣言するには const と let の2通りの方法があります。それではいったいどちらを使ってコードを書くべきなのでしょうか？　let の方ができることが多いので、「常に let を使えばよいのでは？」と思うかもしれません。しかし実は逆で、できるだけ const を用いるべきです。

　プログラムのソースコードは書く時間よりも読まれる時間の方が長くなるので、読みやすいコードを書くことがとても大切です。let は const よりも機能が多い分、ソースコードの可能性が広がります。可能性が広がるとその分プログラマはより多くのことを考慮しなければならず、読みづらいコードとなってしまいます。

let より const を使うべき理由

　例えばコードを読む際、変数が let で宣言されていれば、「もしかしたらどこかで再代入されて値が変わっているかもしれない」という可能性を考慮しながらコードを読む必要があります。一方で const ならばそのようなことを心配せずに読み進めることができます。変数を使う場合は「基本的に const を使う、再代入が必要な場合は let を使う」という方針で書くようにしましょう。

$\it{2}$ 変数の書き方

column

varを使った変数宣言

実はletとconstを使った変数宣言ができるようになったのはES2015からです。2015年以前はletもconstも使えませんでした。では、それ以前はどうしていたのかというと、varというキーワードを使って変数を宣言していました。書籍やインターネットの記事などで「var」を見かけることがありますが、これはそのような経緯によるものです。varは現在も使うことができますが、機能的に扱いづらい部分が多いため使う必要はありません。

■ Check Test

Q1 数値の1000が入った変数名numberを宣言するコードを書いてください。

Q2 文字列のJavaScriptが入った変数名langを宣言するコードを書いてください。

Q3 letとconstの違いを説明してください。

3 — 3 変数に使える文字列

　これまで変数に「price」や「name」という文字列を使ってきましたが、変数名に使える文字列にはルールがあります。厳密なルールは複雑なため、ここでは実用的な範囲に留めて紹介します。

変数名に使える文字種

　変数名に使える文字種は以下のようなものです。

- アルファベット
- _（アンダーバー）
- $（ドルマーク）
- 数字（変数名の先頭文字には使用できない）

　数字のみ、変数名の先頭に使用できないことに注意してください。
　以下は変数名として有効なものと無効なものの具体例です。

```
// 有効な変数名
let animal; // OK
let _name; // OK
let $price; // OK
let apollo13; // OK
let snake_case; // OK

// 無効な変数名
let 13apollo; // NG（数字から始めることはできない）
let kebab-case; // NG（ハイフンなどの記号は使えない）
```

大文字／小文字が区別される

変数名のアルファベットは大文字と小文字で区別されます。

リスト3-8 大文字と小文字は区別される（uppercase_lowercase.js）

```
let name = 'Alice';
let Name = 'Bob';
console.log(name); //❶
console.log(Name); //❷
```

実行結果

```
Alice ·————— ❶
Bob ·————— ❷
```

予約語は変数名に使えない

JavaScriptには予約語と呼ばれる特別なキーワードがあり、これを変数名として使うことはできません。予約語とは、例えば let や const のようにJavaScriptの構文上、意味のあるあらかじめ用意されているキーワードのことです。

リスト3-9 予約語 let を変数名に使うことはできない（reserved_word.js）

```
const let = 100; ·——— エラーになるコード
```

実行結果

```
Uncaught SyntaxError: let is disallowed as ⏎ ·
a lexically bound name ·
```
——— エラーメッセージ

---

letやconstの他にも様々な予約語がありますが、今すぐに覚えなくてはならないものではありませんので、学習を進めながら少しずつ覚えていきましょう。

- let
- const
- var
- function
- if
- else
- for
- switch

Column

日本語も変数名として使える？

実は、日本語も変数名として使えます。ですので、以下のようなコードを書くことができます。

```
const 名前 = 'Alice';
```

しかし、このような日本語でコードを書くことは（今のところ）一般的ではありません。

同じ名前では宣言できない

一度変数を宣言すると、基本的には同じ名前の変数を宣言することはできなくなります。例えば、次のコードをコンソールで実行してみましょう。

リスト3-10 同じ名前で変数を宣言することはできない（same_name.js）

```
let price = 10; let price = 20;
```
複数行を一度に実行するために、セミコロンで区切り2つの文を記述する

実行結果

```
Uncaught SyntaxError: Identifier 'price'
has already been declared
```
エラーメッセージ

コンソール上では次のように表示されます。

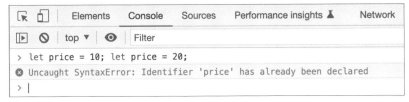

```
Elements   Console   Sources   Performance insights ⚡   Network
▶  ⊘  top ▼  👁  Filter
> let price = 10; let price = 20;
⊗ Uncaught SyntaxError: Identifier 'price' has already been declared
> |
```

エラーメッセージが表示される

　上のエラーメッセージは「すでに'price'は宣言されています」という意味になります。

● chromeデベロッパーツールの特徴

　上で見た通り、本来JavaScriptの言語仕様としては、すでに宣言されている変数と同じ名前で再び変数を宣言することはできません。しかし、Chromeのデベロッパーツールのコンソールで試す範囲では同じ変数名を宣言することができます。これはデベロッパーツールはあくまでコードを試すためのツールであるためです。

```
// Chromeデベロッパーツールで実行した場合の挙動
let a = 10;       [Enter] を押して実行
let a = 20;       [Enter] を押して実行してもエラーにならない

const b = 10;     [Enter] を押して実行
const b = 20;     [Enter] を押して実行してもエラーにならない
```

letで宣言した変数をletで再宣言したり、constで宣言した変数をconstで再宣言したりすることはできますが、letで宣言した変数を const で宣言することや、その逆をするとエラーとなるので、注意してください。次のコードを実行すると、2行目は「Uncaught SyntaxError: Identifier 'c' has already been declared」とエラーメッセージが表示されます。

```
let c = 10; ←———————[Enter] を押して実行
const c = 20; ←———————[Enter] を押して実行すると、エラーになる
```

　もしも、エラーが出てうまくいかない場合は、ブラウザで開いているページをリロードしてください。リロードすると変数の情報はリセットされ、新たに変数を宣言することができます。ページのリロードはWindowsの場合は［Ctrl］＋［R］、Macの場合は［command］＋［R］で実行します。

🌑 変数には有効範囲がある

　本章ではまだ深入りしませんが、変数には**有効範囲**というものがあります。その有効範囲を越えた場所では、同じ名前の変数を宣言することが可能になります。変数の有効範囲については8-6節「スコープ」にて解説します。

■ Check Test

Q1 以下の変数名の中で有効なものをすべて選んでください。

Ⓐ Orange 　　　Ⓓ book_title

Ⓑ 2section 　　　Ⓔ 名前

Ⓒ study-lang

Q2 JavaScriptの変数では大文字／小文字の区別はされるでしょうか?

第 **4** 章

データ型と演算子

プログラミングで扱う値には種類があり、それをデータ型と呼びます。まずはどのようなデータ型が存在するのかを確認し、その中でも頻繁に扱う「数値」の計算や「文字列」の操作などに挑戦していきましょう。

この章で学ぶこと

1＿データ型

2＿真値と偽値

3＿数値型

4＿文字列

5＿演算子

6＿式

4 — 1 データ型

第3章で、変数に「100」や「Alice」などの値を代入しました。このように値には「数値」や「文字列」などいくつかの種類があります。この値の種類のことを**データ型**といいます。例えば「100」は、数値としての「100」かもしれませんし、単に文字列としての「100」の可能性があります。これらを区別してプログラムの中で正しくデータを扱うには、データ型が必要となります。

本節では以下の5つのデータ型について簡単に紹介します。その中でも特に利用頻度の高い「数値」と「文字列」は4-3節、4-4節で詳しく解説します。

- 数値型（Number）
- 文字列型（String）
- 論理型（Boolean）
- Null型
- Undefined型

JavaScriptには、上記以外にSymbolとBigIntがありますが本書では割愛します（それぞれES2015、ES2020で追加されたもので、初学者が利用する頻度は低いためです）。

typeofについて

JavaScriptにはtypeofという便利な演算子が用意されていて、これを使うことで値がどのデータ型なのかを調べることができます。

構文 値のデータ型を調べる
```
typeof 値
```

下のコードでは10のデータ型を調べ、`console.log()`で結果を表示しています。

リスト4-1 typeofの使い方（typeof.js）

```
console.log(typeof 10);
```

実行結果

```
number ・──── データ型がnumberであるとわかる
```

それぞれのデータ型がどのような特徴を持つのか紹介していきます。

数値型（Number）

数値型はそのままですが数値を表すデータ型です。数値は文字列と違いクォーテーションで囲んではいけません。数字をクォーテーションで囲むと、文字列として認識され別のデータ型と判断されます。クォーテーションの有無でデータ型が変わることを`typeof`を使って確認してみましょう。

リスト4-2 クォーテーションで囲むと文字列になる（number_typeof.js）

```
console.log(typeof 100);   //❶数値として認識される
console.log(typeof '100'); //❷文字列として認識される
```

実行結果

```
number ・────── ❶
string ・────── ❷
```

文字列型 （String）

　文字列型もそのままの意味で文字列を表すデータ型です。JavaScriptでは文字列型の値はシングルクォーテーション、またはダブルクォーテーションで文字を囲むことで作ることができます。

```
const name = 'Alice';
const country = "日本";
```

　文字列の値をtypeofで調べると、結果は string となります。「string」は日本語では「糸」や「一連のもの」という意味ですが、プログラミングの世界では文字の集まりである「文字列」を意味します。

リスト4-3　文字列のデータ型を調べる（string_typeof.js）

```
console.log(typeof 'abc');
```

実行結果

```
string
```

論理型 （Boolean）

　例えば「あなたは20歳以上ですか？」という質問には「はい」か「いいえ」で答えることができます。プログラミングの世界で、この「はい（真）」と「いいえ（偽）」を表すのが、trueとfalseという特別な値です。論理型の値は、true（真）とfalse（偽）の2つのみで、これらは真偽値（論理値）と呼ばれます。typeofによってデータ型を調べると boolean となります。

　真偽値のデータ型を調べる（boolean_typeof.js）

```
console.log(typeof true);
```

実行結果

```
boolean
```

　真偽値を使う場合もクォーテーションで囲まないように注意してください。クォーテーションで囲んでしまうと真偽値ではなく文字列として扱われてしまいます。

リスト4-5　真偽値をクォーテーションで囲む（enclose_with_quotation.js）

```
console.log(typeof 'false');
```

実行結果

```
string
```

　真偽値は、数値や文字列と同様に非常によく使われるものです。例えば数値の大小を比較した結果は、真偽値になります。

リスト4-6　数値の大小の比較（compare.js）

```
console.log(5 > 3);
```

実行結果

```
true
```

　5 > 3のような数値を比較するコードについては、4-3節「数値型」で詳しく解説します。

Null 型

Null型の値はnullという特殊の値1つだけです。nullは、値として存在はするが「空っぽ」であることを表す値です。nullをtypeofで調べるとobjectとなります。

リスト4-7 nullのデータ型を調べる（null_typeof.js）

```
console.log(typeof null);
```

実行結果

```
object
```

Undefined 型

Undefined型の値はundefiendという特殊な値1つだけです。undefinedはまだ「存在しない」ことを表す値です。

リスト4-8 undefinedのデータ型を調べる（undefined_typeof.js）

```
console.log(typeof undefined);
```

実行結果

```
undefined
```

第3章で紹介したように、変数を宣言する際に初期値を設定しない場合は、変数の中身はundefinedになります。

変数宣言時に初期値を設定しない場合（without_initial_value.js）

```
let z;
console.log(z);
```

実行結果

```
undefined
```

　undefinedとnullはどちらも「データがない」という状態を表していて、これらの使い分けは経験のあるエンジニアにとっても悩ましい問題です。今の段階では、このように2つのデータ型が存在するということだけ頭に入れておけば十分です。

Column

primitive値とは？

値は大別すると「primitive値」とそうでないものに分けられます。primitiveは「根源的」という意味で、最も基本的な構成要素です。「数値」や「文字列」など上で説明した5つのデータ型の値はすべてprimitiveです。primitiveでないものは、いくつかの要素からなる複合的なもので、この先で紹介する「配列」「関数」「オブジェクト」などが該当します。

Check Test

Q1 文字列型を表現するには何の記号で囲みますか？

Q2 論理型では2つの特別なデータで表現されます。何という名前のデータですか？

Q3 データがない状態を表現するデータ型が2つあります。何という名前のデータ型ですか？

真値と偽値

すべての値は、真偽値に変換することができます。真偽値に変換するには以下のように書きます。

構文 | 真偽値への変換

```
Boolean(値)
```

リスト4-10 | 様々な値を真偽値に変換する（convert_to_boolean.js）

```
console.log(Boolean(1)); // ❶
console.log(Boolean(0)); // ❷
console.log(Boolean('hello')); // ❸
console.log(Boolean(''));  // ❹
console.log(Boolean(null));  // ❺
console.log(Boolean(undefined));  // ❻
```

実行結果

```
true  ———— ❶
false ———— ❷
true  ———— ❸
false ———— ❹
false ———— ❺
false ———— ❻
```

値を真偽値に変換したときに、**true**となるものを**真値**、**false**となるものを**偽値**といいます。JavaScriptの値の中で偽値となるものは多くありません。上で見た通り**null**と**undefined**は偽値となります。数値の中では**0**が、文字列の中では空文字の**''**が偽値となりますが、それ以外の通常の数値と文字列は真値となります。

第 **4** 章

データ型と演算子

数値型

数値型はデータ型の中でも最も基本的なものです。数値の扱い方、四則演算、大小比較など、数値操作の基本を学びましょう。

JavaScriptにおいて「数値」を記述する方法はシンプルです。数字をそのまま書くことで「数値型」の値を作ることができます。

リスト4-11 数値の書き方（number.js）

```
// 数値を変数に入れて表示する
const x = 123;
console.log(x); //❶

// 数値をそのまま表示する
console.log(456); //❷
```

実行結果

```
123 ───── ❶
456 ───── ❷
```

整数だけでなく、小数やマイナスの数値も扱うことができます。

```
const a = 1.23;
const b = -456;
```

数値型の注意

シングルクォーテーションやダブルクォーテーションで数字を囲んでしまうと、「数値」と認識されず「文字列」として認識されてしまうので、注意してください。四則演算などが正しくできなくなってしまいます。

リスト4-12　数字をクォーテーションで囲むと文字列になる（number_with_quotation.js）

```javascript
const a = 1;
const b = 2;
const c = '2'; // 文字列として認識される

console.log(a + b); //❶数値同士で正しく計算される
console.log(a + c); //❷数値と文字列の計算は、予想外の結果になる
```

実行結果

```
3 ──────── ❶
12 ──────── ❷
```

数値計算

　四則演算などの計算は、算数で習う「1 + 2」といった書き方と同様の方法で行うことができます。プログラミングにおいて+や−などの記号は**演算子**と呼ばれます。特に数値計算を行う以下の記号は**算術演算子**といいます。足し算と引き算は、算数で習う+や−を使いますが、掛け算や割り算は、プログラミング特有の記号である*や/を使うので、注意してください。

算術演算子の種類と用途

算術演算子	用途
+	足し算
−	引き算
*	掛け算
/	割り算
%	余りを計算
**	累乗を計算

`console.log()` の中に計算式を書くことで、その結果を表示することができます。また、計算結果を変数に格納することもできます。

リスト**4-13**　足し算（addition.js）

```
// 足し算の結果を表示する
console.log(1 + 2); //❶

// 足し算の結果を変数に入れてから表示する
const total = 1 + 2;
console.log(total); //❷
```

実行結果

```
3 ——————— ❶
3 ——————— ❷
```

リスト**4-14**　様々な計算（calculate.js）

```
console.log(10 - 3); //❶引き算
console.log(3 * 5); //❷掛け算
console.log(10 / 4); //❸割り算
console.log(17 % 5); //❹余りを計算（17 ÷ 5 = 3 余り2）
console.log(2 ** 4); //❺累乗を計算（2 × 2 × 2 × 2 = 16）
```

実行結果

```
7 ——————— ❶
15 —————— ❷
2.5 ————— ❸
2 ——————— ❹
16 —————— ❺
```

　上の例では、数値と演算子の間にスペースを1つ入れています。実はこのスペースは0個でも2個以上でも、あるいは改行が入ったとしても問題なく動きますが、コードの読みやすさの観点から極力統一したルールで記述するようにしましょう。

　複雑な計算を行う場合、算数の計算と同様に、掛け算と割り算は、足し算と引き算よりも優先されます。先に足し算や引き算をしたい場合、括弧 ( ) を使うことで優先的に計算処理をさせることができます。

リスト4-15　計算の優先順位 (priority.js)

```
console.log(3 + 5 * 2);    //❶先に5 * 2が処理される
console.log((3 + 5) * 2);  //❷先に3 + 5が処理される
```

実行結果

```
13 ————— ❶
16 ————— ❷
```

数値計算には、そのままの数字だけではなく、変数を用いることもできます。

リスト4-16　計算結果を変数に入れる (use_variable.js)

```
const a = 1;
const b = 2;
console.log(a + b);   //❶変数と変数で計算
console.log(a + 100); //❷変数と数字で計算
```

実行結果

```
3 ————— ❶
101 ————— ❷
```

○ InfinityとNaN

数値型には特殊な値として「無限大」を表すInfinityと「数でないもの (Not a Number)」を表すNaNが存在します。これらは以下のような特殊な計算を行った場合に得られます。

```
console.log(3 / 0);
console.log(0 / 0);
```

```
Infinity
NaN
```

　これらの値を意図的に使うことはほとんどありませんが、知識として知っておくとよいでしょう。

数値比較

　プログラムを書いていると「AとBはどちらが大きいのか?」や「AとBは同じ値となるのか?」といったことを調べる場面がよくあります。このように値同士を比較するには、以下の**比較演算子**を使います。<や>は算数で習うのと同じ記述ですが、「以上」「以下」を表す>=と<=や、「等しい」「等しくない」を表す===と!==などはプログラミング特有の書き方です。

比較演算子

比較演算子	説明
<	左辺が右辺より小さい場合はtrue
>	左辺が右辺より大きい場合はtrue
<=	左辺が右辺以下の場合はtrue
>=	左辺が右辺以上の場合はtrue
==	左辺と右辺が、等しい場合はtrue
!=	左辺と右辺が、等しくない場合はtrue
===	左辺と右辺が、厳密に(データ型を含めて)等しい場合はtrue
!==	左辺と右辺が、厳密に(データ型を含めて)等しくない場合はtrue

　比較演算子を使った具体的なコードを見てみましょう。数値計算と同じように、数値と変数を組み合わせて比較することができます。

```
const a = 1;
const b = 2;

console.log(a < b); //❶aはbより小さい?
console.log(a >= 3); //❷aは3以上?
console.log((a + b) > 3); //❸a + bは3より大きい?
```

実行結果

```
true ——————❶
false —————❷
false —————❸
```

「厳密に等しい」とはどういうことか?

JavaScript において、2つの値が「等しい」かどうかを調べるための演算子は == と === が存在します。そのうち、緩い比較をするのが == で、厳密な比較をするのが === です。「厳密な」比較というのは、比較する値の「データ型」も等しいことをチェックするという意味です。具体例を見てみましょう。

リスト4-18　2つの値が等しいことを確かめる（different_type.js）

```
console.log(1 == '1'); // ❶緩い比較
console.log(1 === '1'); // ❷厳密な比較
```

実行結果

```
true ——————❶
false —————❷
```

数値の1と文字列の '1' は見かけはどちらも同じ「1」なので、== のやや緩い比較では true となります。一方で === による厳密な比較では、データ型が「数値型」と「文字列型」で異なっているため false の判定になります。

また値が等しくないことをチェックする!=と!==にも、同様の違いがあります。!=はデータ型を考慮せず、!==はデータ型を考慮します。

リスト4-19 2つの値が等しくないことを確かめる（not_equal.js）

```
console.log(1 != '1'); // ❶
console.log(1 !== '1'); // ❷
```

実行結果

```
false ──── ❶
true ──── ❷
```

数値の1と文字列の'1'はデータ型を含めて比較すると等しくないので、1 !== '1'はtrueとなります。一方で!=はデータ側を考慮しないので、数値の1と文字列の'1'は等しいと判断されて 1 != '1'はfalseとなります。

データ型を考慮しない緩い比較の場合、意図しない結果になる可能性が高まるので、基本的には厳密な比較を行う===と!==を使うのがよいでしょう。

■ Check Test

Q1 5に3を足してから、2を掛ける計算式をコードで書いてください。

Q2 以下のコードの実行結果は何になるでしょうか？

```
12 <= 5
```

Q3 以下の2つの変数を比較した結果がfalseになるコードを書いてください。

```
let a = '100';
let b = 100;
```

4 ── 4 文字列

「文字列」の扱い方について見ていきましょう。特殊な文字列の表現方法や、文字列の結合方法について解説していきます。

文字列の基本

「文字列」を記述するには、一連の文字をクォーテーションで囲みます。文字列も数値と同じように、変数に格納することができ、`console.log()`でコンソールに直接表示させることができます。

リスト4-20 文字列はクォーテーションで囲む（string_basic.js）

```
const a = 'Hello world';
console.log(a); //❶

const b = "こんにちは";
console.log(b); //❷

console.log('Alice'); //❸
console.log("Bob"); //❹
```

実行結果

```
Hello world ────── ❶
こんにちは ────── ❷
Alice ────── ❸
Bob ────── ❹
```

文字列を囲むのは、シングルクォーテーション（`'`）でもダブルクォーテーション（`"`）でも構わないのですが、統一されている方が読みやすいため、本書では`'`に統一します（開発の現場でも「読みやすさ」は重要で、開発チームごとにルールがあることが多いです）。

文字列をクォーテーションで囲まずに使うと、エラーになるので注意してください。

文字列をクォーテーションで囲まないとエラーになる（without_quotation.js）

```
const x = こんにちは; // エラーになるコード
```

実行結果

```
Uncaught ReferenceError: こんにちは is not defined ─── エラーメッセージ
```

'～'の中に"を書いたり、"～"の中に'を書いた場合は、内部のクォーテーションは単なる文字列として扱われます。

リスト4-22 クォーテーションの入れ子①（in_quotation.js）

```
console.log('私の名前は"Alice"です'); //❶
console.log("私の名前は'Alice'です"); //❷
```

実行結果

```
私の名前は"Alice"です ───── ❶
私の名前は'Alice'です ───── ❷
```

一方で、'～'の中に'を書いたり、"～"の中に"を書くとエラーとなってしまうので、注意してください。

リスト4-23 クォーテーションの入れ子②（in_quotation_error.js）

```
console.log('私の名前は'Alice'です'); //エラーになるコード
```

実行結果

```
Uncaught SyntaxError: missing ) after argument list ──┐
                                          エラーメッセージ
```

4 文字列

特殊な文字列

JavaScriptには特殊な文字列を表現するために、以下のような**エスケープ表記**（escape sequences）と呼ばれる表記方法が用意されています。これらを使うことで、特殊な文字を含めて、様々な文字列を表現できるようになります。

エスケープ表記の種類

エスケープ表記	表現するもの
\'	シングルクォーテーション
\"	ダブルクォーテーション
\n	改行
\\	バックスラッシュ

Macを使っている方は、キーボードにバックスラッシュ記号（\）が見当たらないかもしれません。その場合、[option] + [¥] でバックスラッシュを入力することができます。

いくつか例を見てみましょう。文法上 ' 〜 ' の中でそのまま ' を使うとエラーとなってしまいますが、エスケープ表記の \' を使うことで以下のように表現することができます。

リスト4-24 エスケープ表記（escape.js）

```
console.log('私の名前は\'Alice\'です'); //❶正しく動作するコード
console.log('私の名前は'Alice'です'); //❷エラーとなるコード
```

※Windowsの場合、バックスラッシュが「¥」と表示されることがあります。

実行結果

```
私の名前は'Alice'です ──── ❶                    ❷エラーメッセージ
Uncaught SyntaxError: missing ) after argument list
```

文字列の途中で改行をしたい場合、そのまま改行を行うとエラーとなってしまいますが、エスケープ表記でこれを回避できます。まずエラーとなる例を試してみましょう。デベロッパーツールのコンソールでは、[Shift] + [Enter]で入力途中に改行を入れることができます。

リスト4-25　エラーになる改行（use_enter.js）

```
const text1 = 'こんにちは ←─── ［ここで［Shift］+［Enter］
私の名前はAliceです';
```

実行結果

```
Uncaught SyntaxError: Invalid or unexpected token ←─── ［エラーメッセージ］
```

　次に、エスケープ表記の\nで、改行を表現してみましょう。

リスト4-26　エスケープ表記を使った改行（backslash_n.js）

```
const text2 = 'こんにちは\n私の名前はAliceです';
console.log(text2);
```

実行結果

```
こんにちは
私の名前はAliceです
```

　ここまで見てきたように、特殊文字はそのまま表現しようとするとうまくいかないことがあります。バックスラッシュから始まるエスケープ表記を用いることで、様々な特殊文字が表現できるようになるので覚えておきましょう。

文字列の結合

プログラムを書いていると、文字列同士を結合させたい場面はよくあります。文字列の結合は、数値の足し算と同様に+記号を使って以下のように書きます。

リスト4-27 文字列の結合（string_operator.js）

```
const a = 'Java' + 'Script';
console.log(a);
```

実行結果

```
JavaScript
```

変数と組み合わせて文字列を結合する場合は以下のようになります。

リスト4-28 変数を組み合わせた文字列の結合（string_operator2.js）

```
const name = 'Alice';
const text = '私の名前は' + name + 'です';
console.log(text);
```

実行結果

私の名前はAliceです

例えば改行を含んだ長い文章を見やすく書く場合、+記号とエスケープ表記の\nを組み合わせて以下のように表現することもできます。

リスト4-29 コードを見やすくする（string_operator_backslash_n.js）

```
const longText = '長い1行目の文章\n' +
    '長い2行目の文章\n' +
    '長い3行目の文章';

console.log(longText);
```

長い1行目の文章
長い2行目の文章
長い3行目の文章

Column

文字列と数値を結合させるとどうなるか

実は+演算子は左辺と右辺のデータ型が異なる場合も問題なく動作します。以下のように、左辺を文字列の `'1'`、右辺を数値の2として演算を行うと、結果は文字列の「12」となります。これはJavaScriptが右辺の2を文字列として解釈したためです。

```
'1' + 2  // 結果は文字列の「12」となる
```

このように、データ型が異なる場合はJavaScriptが自動でデータ型を解釈して演算を行うことがあります。

文字列の中で「変数」や「改行」を扱う便利な方法

ここまで文字列の基本を学び、自由に文字列を扱えるようになったはずです。ここからは、さらに文字列操作を便利にしてくれる**テンプレートリテラル**について解説します。テンプレートリテラルとは、文字列を記述する1つの表現方法であり、シングルクォーテーションやダブルクォーテーションにはない機能を提供してくれます。主に以下の2つの特徴があります。

- 文字列の中で変数などを挿入することができる
- 改行をそのまま使うことができる

テンプレートリテラルの文字列は、以下のようにバックティック（`）で文字を囲んで記述します。

リスト4-30 テンプレートリテラル（template_literal.js）

```
console.log(`こんにちは`);
```

実行結果

```
こんにちは
```

上のようなシンプルな例では、クォーテーションで囲む方法と違いはありませんね。

テンプレートリテラルの便利さがわかる例を見てみましょう。前節で見たように、文字列の結合は+記号を用いて表現することができましたが、変数と組み合わせて記述する場合は少し冗長になります。そこでテンプレートリテラルの挿入機能を使うと、以下のように書き換えることができます。

テンプレートリテラルでコードを見やすくする
リスト4-31 （variable_in_template_literal.js）

```
const name = 'Alice';

// +を用いたコード
const text1 = '私の名前は' + name + 'です';
console.log(text1); //❶

// テンプレートリテラルを用いて書き換えたコード
const text2 = `私の名前は${name}です`;
console.log(text2); //❷
```

実行結果

```
私の名前はAliceです ──────── ❶
私の名前はAliceです ──────── ❷
```

このように、バックティックで囲まれた中で${**変数**}と書くことで、その変数の中身を文字列の中に挿入することができます。

また、テンプレートリテラルでは、改行をそのまま扱うことができます。クォーテーションで囲む場合は、改行を行うとエラーとなってしまうためエスケープ表記の\nを使いましたが、テンプレートリテラルの場合はその必要がありません。

リスト4-32 テンプレートリテラルでの改行（enter_in_template_literal.js）

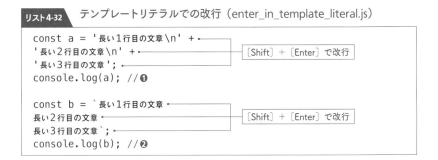

実行結果

```
長い1行目の文章
長い2行目の文章    ❶
長い3行目の文章

長い1行目の文章
長い2行目の文章    ❷
長い3行目の文章
```

　以上のように、テンプレートリテラルには、クォーテーションを使った場合とは異なり便利な機能があります。変数や改行を使用したい場合は、積極的にテンプレートリテラルを使い、コードを読みやすくしましょう。

Q1 以下のコードが正しく動くように修正してください。

```
let text = '私は'JavaScript'を学ぶ';
```

Q2 文字列の中に変数textを展開する方法で正しいものをすべて選んでください。

Ⓐ '文字列と' + text + 'です'

Ⓑ '文字列と' . text . 'です'

Ⓒ `文字列と${text}です`

Ⓓ `文字列と#{text}です`

5 演算子

演算子とは

演算子（オペレーター）とは、様々な処理を行うときに使われる特殊な記号やキーワードのことです。これまで見た数値計算の+や*、また値のデータ型を調べるtypeofなどが演算子です。また演算子による処理の対象を**被演算子（オペランド）**といいます。演算子はオペランドに対して処理を行い、その結果として値を返します。

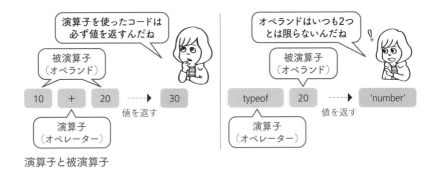

演算子と被演算子

オペランドの数は、演算子によって異なります。例えば+は10 + 20のように被演算子を2つとるため**二項演算子**と呼ばれます。その一方でtypeofはtypeof 20のようにオペランドを1つだけとるため**単項演算子**と呼ばれます。オペランドを3つとる三項演算子は、6-3節「三項演算子」で解説します。

演算子の具体例

JavaScriptには多くの演算子が存在します。四則演算などわかりやすいものもあれば、一見意外に感じるものなどもあります。具体的な例を見ながら、演算子の理解を深めましょう。

● 算術演算子

4-3節の「数値計算」で見たように+、−、*、/、%、は **算術演算子**（さんじゅつえんざんし）です。算術演算子はオペランドに2つの数値をとり、結果として数値を返します。

リスト4-33 算術演算子（arithmetic_operators.js）

```
console.log(1 + 2); //❶
console.log(10 % 3); //❷
```

実行結果

```
3 ——— ❶
1 ——— ❷
```

● 文字列演算子

文字列の結合を行う+を **文字列演算子**（もじれつえんざんし）といいます。文字列演算子はオペランドに2つの文字列をとり、結果として文字列を返します。

リスト4-34 文字列演算子（string_operator.js）

```
console.log('a' + 'b');
```

実行結果

```
ab
```

比較演算子

比較演算子は2つのオペランドをとり、それらの関係性を評価し、その結果としてtrueまたはfalseの論理値を返します。

リスト4-35 比較演算子（comparison_operators.js）

```
console.log(1 < 2); //❶
console.log(5 === 6); //❷
```

実行結果

```
true ────── ❶
false ────── ❷
```

typeof演算子

値のデータ型を調べるのに使ったtypeofも演算子のうちの1つです。typeof演算子は、1つだけのオペランドをとる単項演算子で、結果として文字列を返します。

リスト4-36 typeof演算子（typeof_operator.js）

```
console.log(typeof 10); //❶
console.log(typeof 'hello'); //❷
```

実行結果

```
number ────── ❶
string ────── ❷
```

代入演算子

意外に思われるかもしれませんが、変数に値を代入する＝も**代入演算子**と呼ばれる演算子です。代入演算子は、オペランドを2つとり、右のオペランドの値を左のオペランドに代入する機能を持ちます。代入演算子も演算子なので、結果として値を返します。例えばa = 200というコードは200を返します（代

入演算子の返す値を直接使うことはほとんどありませんが、JavaScriptの仕組みとして理解しておいて損はないでしょう）。

リスト4-37　代入演算子（assignment_operator.js）

```
let score;
score = 100; //＝も演算子
console.log(score = 200); //演算子なので、結果を返す
```

実行結果

```
200
```

● インクリメント演算子

インクリメントという言葉は聞き慣れないかもしれませんが、プログラミングの世界では「数値に1を足すこと」を指します。インクリメント演算子の**++**はオペランドを1つだけとり、以下のように書きます。

構文　インクリメント演算子

```
変数++
```

リスト4-38　インクリメント演算子（increment.js）

```
let count = 10;
count++;
console.log(count);
```

実行結果

```
11
```

つまり、**a++** は、**a = a + 1** と同じようなことをしてくれているわけです。インクリメント演算子は、7-1節「for文」で使うことになるので、ぜひ覚えておきましょう。

4 ___6 式

　ここまで「データ型」や「演算子」などの概念について学びましたが、最後に式について解説しておきたいと思います。「式」という言葉は、この先プログラミングの学習を進める中で何度も目にすることになります。例えば「条件式」や「関数式」といったものもあれば、単に「式」と呼ばれることもあります。式がどのようなものであるかを理解しておくことで、この先の学習をスムーズに進めることができるので、ぜひ押さえておきましょう。

▍式とは

　式という言葉は算数の学習で使ったことがあるのではないでしょうか。しかし、プログラミングにおける式は算数のそれとは少し異なります。

　JavaScript における式とは、「評価結果として値を返すひとまとまりのコード」のことです。「評価結果」といわれると難しく感じるかもしれませんが、具体例を見ればそれほど難しくないことがわかります。例えば、1 + 2というコードは評価結果として3を返します。そのため、1 + 2というひとまとまりのコードは「式」ということになります。とても簡単ですね。ちなみにコードの評価結果を調べるには、すでに何度も使っている console.log() を使います。

リスト4-39 コードの評価結果を調べる（console_log.js）

```
console.log(1 + 2); // console.log()を使うことで、()内のコードの評価結果を
                       見ることができる
```

実行結果

3 ◀── 評価結果

式になるもの、ならないもの

どのようなコードが式となるのか、具体例を見ていきましょう。

評価結果として値を返すものが式

1 + 2や3 > 5といった演算子を使ったコードは値を返すので、式となります。また、'hello'という値そのものも評価結果として値を返します。評価結果を確認するにはconsole.log()を使えば調べることができます。console.log('hello')を実行すると「hello」が表示されるので、値そのものは式であることがわかります。

上の図の中で唯一「式にならない」のはlet price = 200という、変数を宣言するコードです。このコードは評価結果としての値は存在しないので、式にはなりません。そのため、以下のようにconsole.log()で評価結果を確認しようとするとエラーとなります。

```
console.log(let price = 200); // console.log()で式でないものを調べようと
                                 するとエラーになる
```

「変数を宣言するコード」は式ではありませんが、「変数」は式になります。例えば、すでにpriceという変数が宣言されている場合、console.log(price)で変数の評価結果を確認することができますね。ちなみに、変数を宣言する際に初期値を設定しなかった場合、変数の評価結果はundefinedになりますが、undefinedも「値」の1つなのでこの場合も変数は式になります。

式の特徴をまとめると次のようになります。

- 「式」は値を返すもの
- 演算子を使ったコード、変数、値そのものは「式」である
- 変数を宣言するコードなどは「式」ではない

Check Test

Q1 以下の中で式であるものをすべて選んでください。

Ⓐ 10 + 5

Ⓑ let price

Ⓒ 'name'

Ⓓ 500 >= 200

第 **5** 章

配列

複数の値を「ひとまとまりにした
もの」が配列です。まずは配
列の利便性から確認していきま
しょう。その上で配列の作り方、
インデックスの概念、配列の操
作方法を学んでいきましょう。

この章で学ぶこと

1 __ 配列とは

2 __ 配列の書き方

3 __ 配列の操作

5 — 1 配列とは

本章では複数の値をまとめて扱うことができる**配列**（はいれつ）について解説します。コードの書き方を見ていく前に、配列の考え方やどんなときに配列が必要となるのか見ていきましょう。

配列のイメージ

配列は複数の値をひとまとまりとして持つことのできるデータ構造です。データ構造といわれると難しく感じるかもしれませんが、イメージで捉えるとそれほど難しくありません。配列のイメージは複数のアイテムを格納できる区切りのついた入れ物です。

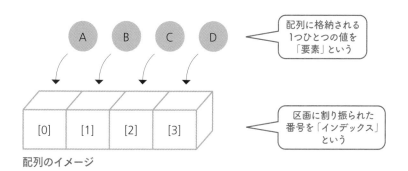

配列のイメージ

配列に格納される値を配列の**要素**（ようそ）と呼びます。また、それぞれの要素が格納される区画には、自動的に0から始まる番号が割り振られています。その番号のことを**インデックス**といいます。インデックスは、それぞれの要素が配列のどの場所に存在するのかを指し示す役割を持っています。

なぜ配列は必要？

配列がどのようなシーンで利用されるのか見ておきましょう。例えば以下のプロフィール情報をコードとして扱うことを考えてみましょう。

プロフィール情報

項目	値
名前	アリス
年齢	20
趣味	読書、料理、キャンプ

このとき、「名前」と「年齢」の情報を変数に格納するコードは以下のように書くことができます。

```
const name = 'アリス';
const age = 20;
```

それでは、「趣味」の項目をプログラムで扱うにはどのようにしたらよいでしょうか。「趣味」には3つの情報があります。これまで学習した範囲では、以下のように1つひとつ変数に値を格納するしかありません。

```
// 1つひとつのデータとしてしか扱えない場合、複数の変数を用意する必要がある
const interest1 = '読書';
const interest2 = '料理';
const interest3 = 'キャンプ';
```

上のコードは何度も同じようなことを記述していて冗長ですし、「趣味」が増えたら変数を増やさなければなりません。この問題を解決してくれるのが配列です。配列を使うことで、「趣味」という1つの項目を「名前」や「年齢」と同じようにひとまとまりのデータとして扱うことができます。

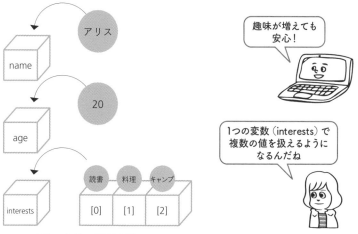

1つの変数で複数の情報を扱える

　1つの変数で複数の情報を扱うことができるようになるので、「趣味」が増えたとしても、わざわざ変数を増やす必要はありませんね。

Check Test

Q1 配列はどのようなデータ構造でしょうか？

Q2 配列には要素とインデックスがありますが、それぞれの役割で正しいものを選んでください。

　Ⓐ要素は配列自身のこと、インデックスは配列に格納されている値

　Ⓑ要素は配列自身のこと、インデックスは要素が持つ独自のID

　Ⓒ要素は配列に格納されている値、インデックスは格納された区画を示す番号

　Ⓓ要素は配列に格納されている値、インデックスは要素が持つ独自のID

---

5 _ 2 配列の書き方

配列の作り方と、インデックスを用いた要素へのアクセス方法について見ていきましょう。

配列の作り方

配列を作るコードはとてもシンプルです。

構文 | 配列
```
[要素1, 要素2, 要素3, ...]
```

要素をカンマ区切りで並べ全体をブラケット（[]）で囲むだけです。配列はそれ自体が1つの値となるので、変数に代入することができます。

リスト5-1 | 配列を変数に代入（create_array.js）
```
const interests = ['読書', '料理', 'キャンプ'];
console.log(interests);
```

実行結果
```
['読書', '料理', 'キャンプ']
```

コンソール上では次のように表示されます。コンソールの結果には配列の前に (3) のような表示がありますが、これは配列の要素数を表示したものです。以降、本書ではわかりやすさのため、この要素数は省略して「実行結果」を記載します。

```
[>] [🔲] | Elements   Console   Recorder 🔺   Sources   Network   Performance

[▶] [⊘] | top ▼ | 👁 | Filter                              Default levels ▼

>  const interests = ['読書', '料理', 'キャンプ'];
<· undefined
>  console.log(interests);
   ▶ (3) ['読書', '料理', 'キャンプ']
<· undefined
```

実行結果が表示される

Column

配列の要素のデータ型について

上の例では、要素が**'読書'**、**'料理'**、**'キャンプ'**とすべて文字列で
した。しかし、実はJavaScriptの配列は要素のデータ型が必ずしも揃っ
ている必要はありません。そのため、以下のように数値や文字列が混ざっ
た配列を作ることもできます。もちろん、このような複雑な配列は扱
いが難しくなるので、積極的に作る必要はありませんが、文法上のルー
ルとしては知っておいて損はないでしょう。

```
const arr = ['Bob', 20, true];
```

第5章

配列

インデックスとは

インデックスは配列において重要な概念です。特に配列を操作する際には不
可欠な存在となります。インデックスとは、配列内の要素の位置を表す番号で
す。JavaScriptのインデックスは0から始まり0、1、2……と続く整数です。

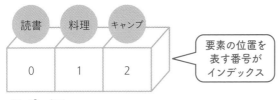

インデックス

インデックスは配列を作ると自動で割り振られる番号です。インデックスの先頭は0から始まることに注意してください。インデックスを使うことで、配列内の特定の要素を参照したり、変更したりできるようになります。

配列の要素にアクセスする

配列の要素にアクセスするには、インデックスを用いて以下のように書きます。

構文 配列要素へのアクセス

配列 [インデックス]

配列に続けて [**インデックス**] と書くことで、指定したインデックスの要素にアクセスすることができます。例えば、配列の先頭の要素にアクセスして、その値を出力するコードは以下のようになります。

リスト5-2 要素へのアクセス（array_element.js）

```
const interests = ['読書', '料理', 'キャンプ'];
const element0 = interests[0]; // インデックス0の要素（先頭の要素）を取得
console.log(element0);
```

実行結果

読書

要素が存在しないインデックスを指定した場合は、エラーにはなりませんが `undefined`となります。

リスト5-3 存在しないインデックスを指定した場合（no_existence.js）

```
const interests = ['読書', '料理', 'キャンプ'];
const element5 = interests[5]; // 要素が存在しないインデックスを使う場合
console.log(element5);
```

実行結果

```
undefined
```

要素の上書き

以下のように書くことで、指定したインデックスの要素を上書きできます。

リスト5-4 指定したインデックスの要素を上書き（update_element.js）

```
const interests = ['読書', '料理', 'キャンプ'];
interests[0] = '散歩';
console.log(interests);
```

実行結果

```
['散歩', '料理', 'キャンプ']
```
← 先頭の要素が書き換わっている

これと同じ操作をもともと存在しないインデックスに対して実行する場合は、指定したインデックスに新たに要素を格納することになります。

リスト5-5 もともと要素が存在しない場合は新しく格納される（add_element.js）

```
const interests = ['読書', '料理', 'キャンプ'];
interests[3] = '散歩';
console.log(interests);
```

['読書', '料理', 'キャンプ', '散歩'] ← 最後尾に要素が追加されている

Column

constを使ってもデータは書き変わる場合がある?

第3章で学んだようにconstを使って変数を宣言した場合「再代入」をすることはできません。しかし、リスト5-4、リスト5-5で見たように、constで宣言した変数でも、その変数に格納されている配列の中身のデータ自体は変更される場合があります。あくまでconstは「再代入」を禁止しているだけで、それ以外の処理によってデータを書き換えることは可能ということに注意してください。

Check Test

Q1 変数名foodsに「寿司」「カレー」「ラーメン」3つを格納した配列をコードで書いてください。

Q2 区画を示すインデックス番号は、いくつから始まりますか?

Q3 Q1で書いた配列の中から「カレー」だけを表示するコードを書いてください。

2 配列の書き方

5 ___ 3 配列の操作

JavaScriptの配列には、もともといくつかの機能が備わっています。それらの機能を使うことで、配列の長さを調べたり、配列に要素を追加したり様々なことができるようになります。

要素の数を調べる

配列に続けて `.length` と書くことで、配列の要素数を得ることができます。

構文 | 配列の要素数を取得する

```
配列.length
```

リスト5-6 | 配列の要素数を取得する（array_length.js）

```
const interests = ['読書', '料理', 'キャンプ'];
const count = interests.length; // 配列の要素数
console.log(count);
```

実行結果

```
3
```

要素を最後尾に追加する

配列に要素を追加したい場合は、配列に続けて `.push(追加したい要素)` と書くことで、元の配列の一番後ろに要素を追加することができます。

構文 配列の最後尾に要素を追加する

配列.push(追加したい要素)

リスト5-7 配列の最後尾に要素を追加する（push.js）

```javascript
const interests = ['読書', '料理', 'キャンプ'];
interests.push('散歩'); // 配列の一番後ろの要素を追加
console.log(interests);
```

実行結果

```
['読書', '料理', 'キャンプ', '散歩']
```

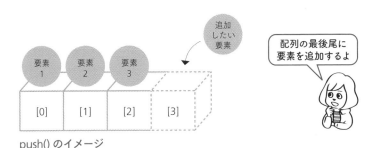

push() のイメージ

最後尾から要素を取り出す

配列に続けて .pop() と書くことで、配列の最後の要素を取り出すことができます。popの後ろの()の中は空ですが括弧を省略することはできないので注意してください。

構文 配列の最後尾から要素を取り出す

配列.pop()

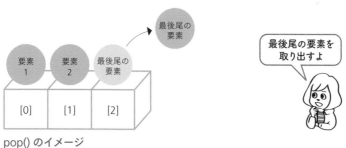

pop()のイメージ

pop()を使った具体的なコードを見てみましょう。

第
5
章

配
列

リスト5-8 配列の最後尾から要素を取り出す（pop.js）

```
const alphabet = ['a', 'b', 'c'];
const last = alphabet.pop(); // 配列の一番後ろに要素を取り出す
console.log(last); // ❶

// 元の配列を確認
console.log(alphabet); // ❷
```

実行結果

```
c ←――――――――❶
['a', 'b'] ←―――❷元の配列の要素数は減る
```

pop()によって最後尾の要素を取り出すと、元の配列の要素数が減ること
に注意してください。

特定の要素が配列に含まれるか調べる

includes()を使うことで、特定の要素が配列に含まれているかを調べる
ことができます。

特定の要素が配列に含まれるか調べる

```
配列.includes(要素)
```

例を見てみましょう。

　特定の要素が配列に含まれるか調べる（includes.js）

```
const fruits = ['みかん', 'りんご', 'バナナ'];

const check1 = fruits.includes('りんご');
console.log(check1); // ❶

const check2 = fruits.includes('ぶどう');
console.log(check2); // ❷
```

実行結果

```
true ———— ❶
false ———— ❷
```

'りんご'は配列fruitsに含まれるためtrueになります。'ぶどう'は配列に含まれないためfalseとなります。

配列要素の結合と文字列の分割

データとしては複数持っているけれど、表示する場合は1つの文字列として表示したいというケースはよくあります。そんなときに使えるのがjoin()です。join()は、配列の要素を結合して1つの文字列を返してくれます。

構文　配列の要素を1つの文字列にする

```
配列.join(区切り文字)
```

例を見てみましょう。

```
const interests = ['読書', '料理', 'キャンプ'];
const a = interests.join('と');
console.log(a);
```

実行結果

読書と料理とキャンプ

join()は、「配列」から「文字列」を生成する役割でしたが、その逆に「文字列」から「配列」を生成する方法があります。文字列から配列を生成するにはsplit()を使います。

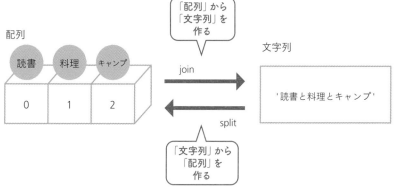

join() と split() のイメージ

構文　文字列から配列を生成する

文字列.split(区切り文字)

リスト5-11　文字列から配列を生成する（split.js）

```
const string = '読書&料理&キャンプ';

const a = string.split('&');
console.log(a);
```

```
['読書', '料理', 'キャンプ']
```

　本節では配列のいろいろな操作方法を紹介しました。ここで紹介した方法は
どれもよく使われるものですが、今の段階ですべてを覚える必要はありません。
この先プログラミング学習を進める中で、必要に応じて復習をしながら知識を
定着させていきましょう。

Check Test

Q1 変数名arrayの配列に格納されている要素の個数を調べるコー
ドで正しいものを選んでください。

Ⓐ `array.size`

Ⓑ `array.count`

Ⓒ `array.length`

Q2 以下の配列に「パスタ」を追加するコードを書いてください。

```
const foods = ['寿司', 'カレー', 'ラーメン'];
```

Q3 以下のコードの出力結果は何になりますか?

```
const foods = ['寿司', 'カレー', 'ラーメン'];
foods.pop();
console.log(foods);
```

第 **6** 章

条件分岐

「ある条件を満たすならＡの処理を、そうでなければＢの処理を行う」というのがシンプルな条件分岐処理です。条件の組み合わせによって、様々な分岐を作ることができるので、その手法を学んでいきましょう。

この章で学ぶこと

6 __ 1 if文

第3章から第5章では、データの扱い方やデータの構造について学びました。第6章、第7章ではいよいよデータの処理について学んでいきます。

プログラミングでは「ある条件を満たす場合はA、そうでないならB」といったように、条件に応じて処理を変えたい場面がよくあります。このように、条件によって処理を分岐させることを**条件分岐**と呼びます。本節では、最も基本的な条件分岐であるif文について解説します。

if文の基本

if文は「もし〜ならば、〜をする、そうでないなら〜をする」という処理を実現するための構文です。「もし〜ならば」という部分は、言い方を変えると「ある条件を満たすならば」と表現することができます。if文を書くときは「条件」を考えて、その条件を満たす場合と満たさない場合の処理をそれぞれ考えることになります。

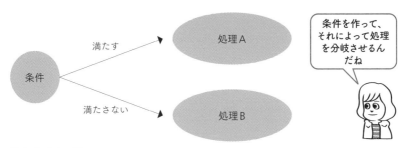

if文のイメージ

if 文の書き方

「ある条件を満たすか否か」の判定をプログラムで行うには、「条件式」を作り、その値が true となるか false となるかによって判定をします。条件式とは、例えば比較演算子を用いた price >= 5000 といった式のことです。

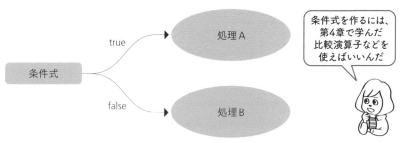

true か false かを判定する

if 文は、条件式を用いて以下のように書きます。

```
構文   if文

if ( 条件式 ) {
    条件式がtrueの場合の処理 ;
} else {  // else以降は省略可能
    条件式がfalseの場合の処理 ;
}
```

{}で囲まれた部分を**ブロック文**と呼びます。ブロック文の中には、複数の処理を複数行にわたって書くことができます。1つ目のブロック文には、条件式が true の場合の処理を書き、else の後ろの2つ目のブロック文には、条件式が false の場合の処理を書きます。else 以降は省略することもできます。省略すると条件式が false になった場合、処理は何も行われません。

if文の具体例

「金額が 5,000 円以上の場合は**送料無料**、そうでない場合は**送料 800 円**とコンソールに表示する」プログラムを if 文を使って書くと、次のようになります。

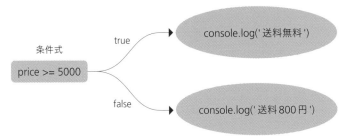

「price >= 5000」の判定のイメージ

リスト6-1　if文（if_example.js）

```javascript
const price = 3000;

if (price >= 5000) {
  console.log('送料無料');
} else {
  console.log('送料800円');
}
```

実行結果

送料800円

　Chrome のコンソール上で改行をするには［Shift］＋［Enter］の入力が必要でしたが、if 文などの構文の中では［Enter］だけで改行が可能です。上のサンプルコードをコンソールで試してみてください。

```
>  const price = 3000;
⟨∙ undefined
>  if (price >= 5000) {
       console.log('送料無料');
   } else {
       console.log('送料800円');
   }
   送料800円
⟨∙ undefined
>  |
```

コンソールの中で改行できるので、複数行のコードも試すことができる

複数行の入力

　上の例における条件式はprice >= 5000です。上の例では、priceが3000なので、条件式の結果はfalseになりconsole.log('送料800円')が実行されます。

　またelse以降は必要がなければ省略できるので、例えば以下のようなコードも書くことができます。

```
if (age < 20) {
  console.log('飲酒禁止');
}
```

　このコードはageが20未満であればブロック内の処理を行いますが、そうでない場合は特に何も行いません。

Column

比較演算子、どの順序で書く?

===や<などの比較演算子は、左右どちらに変数を置いても挙動は変わりません。price > 500と500 < priceは同じ条件です。では変数は左と右、どちらに置くのがよいのでしょうか。一般的には変数は左側に書き、右側には条件となる値を置く方が、比較対象の主語がハッキリするため読みやすいコードといわれています。ただし必ずこの書き方がよいと決まっているわけではないので、読みやすいコードを書くための参考としてください。

if 文のより正確なルール

先ほどif文は、「条件式」の結果がtrueになるか、falseになるかで分岐を行うと説明しましたが、実はこの表現は厳密ではありません。より正確には「式」の結果が「真値」になるか「偽値」になるかによって分岐が行われます。

構文 | if文のより正確な書き方

```
if (式) {
    式が真値となる場合の処理 ;
} else {
    式が偽値になる場合の処理 ;
}
```

式、真値、偽値については第4章で解説しましたが、簡単におさらいをしておきましょう。

- 式...値を返すひとまとまりのコード
- 真値...真偽値に変換したときに true となるもの
  例）10、'hello'
- 偽...真偽値に変換したときに false となるもの
  例）0、''（空文字）、null、undefined

上記を踏まえると以下のような if 文を書くことができます。

リスト6-2 if_strict_rule.js

```javascript
const name = '';

if (name) {
  console.log('名前が存在します');
} else {
  console.log('名前がありません');
}
```

実行結果

名前がありません

if 直後の括弧の中は name のみです。name は変数であり、true、false を返す条件式ではありませんが、これも正しい if 文の書き方です。上の例で name の中身は空文字（''）なので偽値であり、else 以降の処理が行われます。

else if によって分岐を増やす

　先ほどの例は、ある条件が満たされるか否かを判断するだけのシンプルな分岐処理でした。しかし、現実世界にはもっと複雑な条件があります。

　次のような例を考えてみましょう。以下の表のように配送料が重量によって決まるルールがあるとします。これをコードで表現するにはどうしたらよいでしょうか。

重量による配送料のルール

配送物の重量	配送料金
250g 未満	200 円
250g 以上 500g 未満	400 円
500g 以上 1kg 未満	600 円
1kg 以上	取り扱いできません

　先ほどは送料が「無料」または「800円」の2通りの分岐でしたが、今回は4つのパターンが考えられます。このように複数の条件による分岐がある場合は else if を使うことでプログラムを作ることができます。

構文 │ else if を使った if 文

```
if （条件式1）{
    条件式1が真値となる場合の処理；
} else if （条件式2）{
    条件式2が真値となる場合の処理；
} ...

// 同様に何個でも条件式を追加することができる

} else {
    どの条件式も真値にならない場合の処理；
}
```

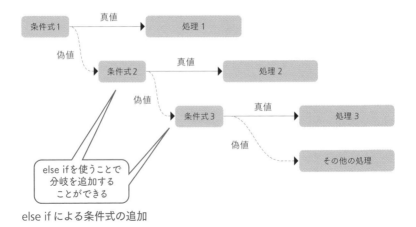

else if による条件式の追加

else if を使うことで条件式を追加し、複数の分岐があるプログラムを書くことができます。先ほどの「重量による配送料」の例は、else if を使って以下のように書くことができます。

リスト6-3　複数の分岐があるプログラム（else_if.js）

```javascript
const weight = 300;

if (weight < 250) {
  console.log('配送料200円');
} else if (weight < 500) {
  console.log('配送料400円');
} else if (weight < 1000) {
  console.log('配送料600円');
} else {
  console.log('取り扱いできません');
}
```

実行結果

配送料400円

1 if文

少し長いコードなので、以下の図で処理の流れを確認してみましょう。

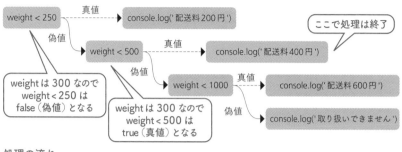

処理の流れ

else ifを使う場合の注意点

else ifを用いて、複数の条件式を書く場合に気をつけなければならないことがあります。それは、条件式を書く順番です。上の図を見てわかるように、1つ目の条件で、重量（グラム）が「250以上」であることをチェックし、2つ目の条件式で「500未満」であることをチェックしているため、この配送物の重量は「250以上500未満」であることが保証されています。しかし、もしも条件式を書く順番を誤って以下のようにしていたらどうなるでしょうか？

リスト6-4 ロジックの誤ったコード（else_if_2.js）

```js
const weight = 300;

if (weight < 1000) {
  console.log('配送料600円');
} else if (weight < 500) {
  console.log('配送料400円');
} else if (weight < 250) {
  console.log('配送料200円');
} else {
  console.log('取り扱いできません');
}
```

配送料600円 ◄──── 誤った結果（本当はweightが300の場合は400円となるべき）

　これでは、1つ目の条件式である weight ＜ 1000 が真値となってしまい、配送料600円が表示されて if 文が終了してしまいます。複数の条件式を記述する場合は、条件式の順番に注意しましょう。

Check Test

Q1 以下のコードを実行したときに出力されるのはAとBどちらですか？

```
const year = 2001;
if (year < 2001) {
  console.log('A');
} else {
  console.log('B');
}
```

Q2 以下の条件を満たすコードを書いてください。

- もし変数ageが18なら「新成人」と出力
- もし変数ageは18より上なら「成人」と出力
- 上記以外なら「未成年」と出力

条件式のバリエーション

例えば「年齢が20歳以上、29歳以下であれば**20代**と表示する」プログラム
を考えてみましょう。この条件式は「年齢が20歳以上」かつ「年齢が29歳以下」
と、2つの条件を組み合わせていることがわかります。このような条件式はど
のように書けばよいのでしょうか。学校で習う算数に慣れている人は、以下の
ような記述をしてはどうかと思われるかもしれません。

```
const age = 18;

// 正しく動作しません
if (20 <= age <= 29) {
  console.log('20代');
}
```

しかし、上のコードは正しく動作しません。JavaScriptの比較演算子は2つ
の値を比較する機能しか持っておらず、`20 <= age <= 29`のように3つの
値を同時に比較する機能は持ち合わせていません。そのため、別の方法を考え
てみましょう。if文は入れ子にすることが可能なので、以下のように書くこ
とで正しく動作するコードを実現できます。

```
if (age >= 20) {
  if (age <= 29) {
    console.log('20代');
  }
}
```

上のコードは正しく動作します。しかし、入れ子構造にするとコードも長くなり、少し読みづらいですね。

しかし、安心してください。JavaScriptには、このような問題を上手に解決してくれる機能があります。

論理積 (&&) と論理和 (||)

「年齢が20歳以上」かつ「年齢が29歳以下」のように、2つの条件両方を満たすような条件をAND条件（アンドじょうけん）といいます。一方「年齢が10歳以下」または「60歳以上」のようにどちらか1つを満たせばよい条件をOR条件（オアじょうけん）といいます。

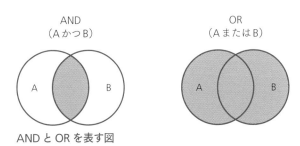

AND
（AかつB）

OR
（AまたはB）

A　B

A　B

ANDとORを表す図

JavaScriptでは、このAND条件とOR条件を作るための、&&と||という演算子が用意されています。&&を論理積演算子（ろんりせきえんざんし）（Logical AND operator）、||を論理和演算子（ろんりわえんざんし）（Logical OR operator）といいます。

&&と||は、以下のように2つの条件式をオペランド（被演算子）とします。&&は2つの条件式が共にtrueであればtrueを返します。||は、どちらか1つの条件式がtrueであればtrueを返します。

構文　AND条件／OR条件

```
条件式A && 条件式B
// AとBの両方がtrueなら、true。そうでなければfalse
```

```
条件式A || 条件式B
// AとBのどちらか1つがtrueなら、true。両方falseならfalse
```

2　複雑な条件式

具体例を見てみましょう。まずは論理積です。

論理積 (and.js)

```
const a = 5;
console.log(a > 1 && a < 9); // ❶
console.log(a > 1 && a < 3); // ❷a < 3はfalseとなる
```

実行結果

```
true ———— ❶
false ———— ❷
```

1つ目の条件式はa > 1とa < 9の両方がtrueとなるため、全体として
もtrueとなります。2つ目の条件式はa > 1はtrueですが、a < 3は
falseとなり、全体としてfalseとなります。

論理和の例も確認しておきましょう。

論理和 (or.js)

```
const b = 10;
console.log(b < 4 || b > 9);
```

実行結果

```
true
```

bが10のとき、b < 4はfalseですが、もう1つの条件であるb > 9は
trueで、全体としてもtrueとなります。

これで、以下のようなコードも&&と||を使うことで簡潔に書くことができ
るようになりました。

- 年齢が20歳以上、かつ29歳以下なら「20代」と表示するプログラム
- 年齢が10歳以下、または60歳以上なら「ジュニアまたはシニア」と表示するプロ
グラム

論理和と論理積の組み合わせ（and_or.js）

```javascript
const age1 = 25;
if (age1 >= 20 && age1 <= 29) {
  console.log('20代');
} // ❶

const age2 = 65;
if (age2 <= 10 || age2 >= 60) {
  console.log('ジュニアまたはシニア');
} // ❷
```

実行結果

20代 ──────────── ❶
ジュニアまたはシニア ────── ❷

■ Check Test

Q1 以下の条件を満たす条件式を選んでください。

条件 変数priceが500以上かつ1000未満

Ⓐ (price >= 500 && price < 1000)

Ⓑ (500 <= price < 1000)

Ⓒ (price >= 500 || price < 1000)

𝓁 複雑な条件式

6－3 三項演算子

シンプルな if 文は、**三項演算子**を使って簡潔なコードに書き換えることができます。三項演算子は以下のように 1 行で書くことができます。条件式が真値の場合は、? の後ろの値を返し、偽値の場合は : の後ろの値を返します。

構文 三項演算子

（ 条件式 ） ? 真値のときに返す値 : 偽値のときに返す値;

---

if と比較してみましょう。例えば、次のような if 文を使ったコードがあったとします。

```
const size = 20;
let result;
if (size >= 30) {
  result = '粗大ゴミ';
} else {
  result = '不燃ゴミ';
}
```

これを三項演算子を使って書くと次のようになります。

```
const size = 20;
const result = (size >= 30) ? '粗大ゴミ' : '不燃ゴミ';
```

シンプルな条件分岐の場合は三項演算子をうまく使うことで簡潔に書けるのでぜひ使ってみてください。

読みにくい三項演算子

条件分岐をシンプルに書ける三項演算子は、使い方を間違えると読みにくいコードになります。「得点が80点以上でGreat、60点以上でGood、それ以外はBadを返す」条件分岐を三項演算子で書いてみましょう。

```
(point >= 80) ? 'Great' : (point >= 60) ? 'Good' : 'Bad';
```

見た目は1行に収まりスッキリしますが、誰が見ても何をしているのか一目でわかりやすいコードとはいえません。2つ以上の条件がある場合は、三項演算子は避けてif文を使って書くことをおすすめします。

```
if (point >= 80) {
  'Great';
} else if (point >= 60) {
  'Good';
} else {
  'Bad';
}
```

Check Test

Q1 以下のif文を三項演算子を使って書き換えてください。

```
const a = 5;
const b = 3;
let c;
if (a <= b) {
  c = a;
} else {
  c = b;
}
```

6 — 4 switch文

switch文はJavaScriptで使える条件分岐の1つです。if文と比較すると用途は限定的ですが、場合によってはif文よりも読みやすいコードを書くことができます。switch文はある変数がどのような値なのかによって処理を分岐させることができます。例えば順位が「1位なら金メダル」「2位なら銀メダル」「3位なら銅メダル」といった具合です。

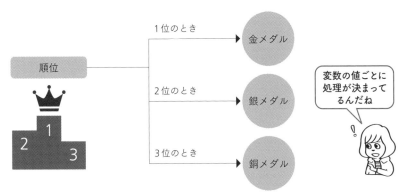

順位で処理を分岐させる

switch 文の書き方

switch文の書き方は、以下のようになります。caseとdefaultの行の末尾はセミコロン（;）ではなく、コロン（:）であることに注意してください。

構文 switch文

```
switch ( 変数 ) {
  case 値1:
      変数が値1となるときの処理;
      break;
  case 値2:
      変数が値2となるときの処理;
      break;
  case 値3:
      変数が値3となるときの処理;
      break;
  default:
      その他の処理;
}
```

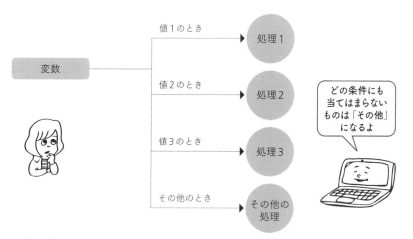

switch文

　switchの後に続けて「変数」を書きます。その変数の値がcaseの後ろに続く「値1」や「値2」と合致する場合に直後の処理を実行します。処理の後のbreakはそこでswitch文を終了するという意味です。switch文は上から値をチェックしていき、変数に合致する値を見つけたら処理を行い、breakで文を終了します。もし、どのcaseにも一致しない場合は、default以降の処理を実行します。

　順位によって、処理を分岐させる例は以下のように書くことができます。

```
const ranking = 2;

switch (ranking) {
  case 1:
    console.log('金メダル');
    break;
  case 2:
    console.log('銀メダル');
    break;
  case 3:
    console.log('銅メダル');
    break;
  default:
    console.log('メダルなし');
}
```

実行結果

銀メダル

break を書かないとどうなる？

　実はswitch文の中でbreakは必須ではなく、breakを書かなくてもプログラム自体は動作します。しかしその場合、プログラムの動きはおそらく意図したものにはなりません。switch文はcaseで条件に合致した場合、その直後の処理だけを行うのではなく、それ以降の処理をbreakが現れるまですべて実行します。

　例えば、次のコードのようにcase 2の中にbreakを書かなかったら、どうなるでしょうか。確認してみましょう。

break を書かなかった場合（without_break.js）

```javascript
const ranking = 2;

switch (ranking) {
  case 1:
    console.log('金メダル');
    break;
  case 2: // このケースの中にbreakが存在しない
    console.log('銀メダル');
  case 3:
    console.log('銅メダル');
    break; // ここでようやく処理が止まる
  default:
    console.log('メダルなし');
}
```

実行結果

```
銀メダル
銅メダル
```

　case 2に続くcase 3のコードもそのまま実行してしまい、コンソールには「銀メダル」と「銅メダル」の両方が表示されます。case 3の中のbreakでようやくswitch文が終了します。意図した処理を行うために、breakの書き忘れには注意しましょう。

Check Test

Q1 switch文がif文と比較してメリットになる説明で正しいものを選んでください。

Ⓐ if文に比べてメリットはない

Ⓑ 1つの変数の状態によって処理を分岐させるため読みやすくなる

Ⓒ if文よりも複雑な条件分岐を書くことができる

第 7 章

繰り返し処理

プログラムを書いていると同じ
処理を繰り返したい場合があり
ます。本章では繰り返し処理を
作ることのできる for 文、while
文、for...of 文を紹介します。そ
れぞれの特性を理解し、使い分
けができるようになりましょう。

7 ― 1 for文

本節では繰り返し処理の基本である for文 について解説していきます。

プログラムを書いていると、同じ処理を何度か繰り返したいことがあります。例えば、コンソールに hello という単語を10回繰り返し表示することを考えてみましょう。最も愚直な方法は以下のように同じコードを10回書くことです。

```
console.log('hello');
console.log('hello');
console.log('hello');
console.log('hello');
console.log('hello');
console.log('hello');
console.log('hello');
console.log('hello');
console.log('hello');
console.log('hello');
```

このようなコードは頑張ってコピー&ペーストを繰り返せば書けなくはないでしょう。しかし、これでは繰り返す回数が増えれば増えるほど大変になりますし、もしも hello を他の文字列に変更したい場合は、複数の箇所を変更しなければならずメンテナンス性もよくありません。

上記のような問題を解決してくれるのが、for文です。for文は指定した回数だけ同様の処理を行うのに適した方法です。

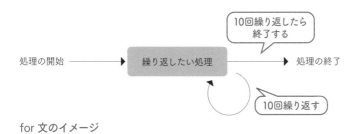

for 文のイメージ

繰り返し処理は、ループ処理とも呼ばれます。

---

for 文の仕組み

　for 文の書き方は、これまでの内容と比べると要素が多く、やや難しく感じるかもしれません。書き方を見る前に、その仕組みを簡単に理解しておきましょう。
　for 文は、指定した回数だけ処理を繰り返して実行することができるのですが、その繰り返し処理の途中で「繰り返した回数」を記憶しておく必要があります。この役割を担うのが**ループカウンター**と呼ばれる変数です。ループカウンターは始めに、例えば1という数値で初期化され、繰り返し処理を行うたびに2、3、4……と加算されていきます。最終的にループカウンターが指定の数値に達したら、繰り返し処理全体を終わらせるというのが for 文の仕組みです。

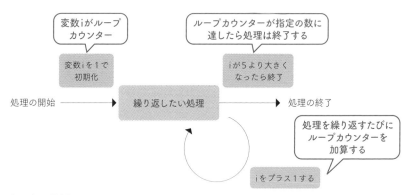

for 文の仕組み

for 文の書き方

for 文の書き方は以下のようになります。初期化式、条件式、加算式はいずれもループカウンターと密接な関係にあります。

for 文

```
for ( 初期化式 ; 条件式 ; 加算式 ) {
    処理 ;
}
```

for 文の式

式の種類	説明	実行タイミング
初期化式	ループカウンターを初期化する式	最初の1回だけ実行される
条件式	処理を継続する条件式	繰り返し処理の最初に毎回実行される
加算式	ループカウンターを加算する式	繰り返し処理の最後に毎回実行される

for 文の書き方は、言葉だけでは理解するのが難しいと思いますので、具体的なコードを見てみましょう。次のコードは、コンソールに「1回目の処理」「2回目の処理」……と繰り返し表示するプログラムです。

結果を繰り返し表示する（for.js）

```
for (let i = 1; i <= 5; i++) {
    console.log(`${i}回目の処理`);
}
```

```
1回目の処理
2回目の処理
3回目の処理
4回目の処理
5回目の処理
```

　まず、初期化式は以下の部分です。

```
let i = 1
```

　ループカウンターの変数iを宣言しています。ここではiという名前を変数名として使っていますが、これは慣例です。aでもxでも任意の変数名を使うことができますが、特別な理由がなければ慣習に従うのがよいでしょう。ループカウンターは、加算されて変更されていくものなので、constではなくletによって宣言している点に注意してください。

　続いて、条件式を見てみましょう。

```
i <= 5
```

　上の条件式がtrueの場合、つまりiが「5以下」である場合はブロック内の処理を実行します。iの初期値は1なので、始めのうちは「5以下」という条件を満たすので、次のブロックの処理に移ります。ブロック内ではループカウンターiを参照することができます。今回は繰り返し処理の回数を表示するため、以下のように記述しています。

```
console.log(`${i}回目の処理`)
```

　iが加算され、5より大きい数値になったタイミングでfor文は終了します。最後に加算式です。

```
i++
```

　上の式では4-5節で紹介したインクリメント演算子を使っています。これは
i = i + 1と同じ意味で、iを1増加させます。

　加算式が実行された後は、条件式に戻り、条件式i <= 5がfalseになる
まで処理を繰り返します。5回目の処理を終えたタイミングで、ループカウンター
iは6となります。これでi <= 5がfalseとなって、for文が無事終了し
ます。

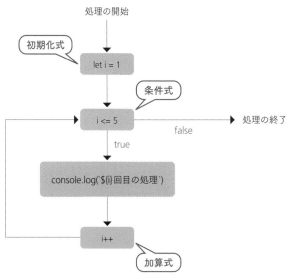

式の役割

　for文の仕組みと書き方について理解できたでしょうか。おさらいとして、
for文を使ってhelloと10回表示するプログラムを書いてみましょう。

helloと10回表示する（for_hello.js）

```
for (let i = 0; i < 10; i++) {
  console.log('hello');
}
```

実行結果

```
hello
hello
hello
hello
hello
hello
hello
hello
hello
hello
```

　コンソール上では10 helloと省略された表記になりますが、これはhelloを10回表示させることを意味しています。

　また、ループカウンターの初期値は任意の値でよく、0でも1でも構いません。慣習として0から始めることが多いので、上のコードもlet i = 0としています。

Column

forの変数iって何？

第3章のコラムで変数名は具体的に書きましょうと紹介しましたが、for文のコード例ではiという1文字の変数名が出てきました。これは慣習的なものでfor文ではiという変数名が広く使われています（諸説ありますが数学の添字表記から輸入されたといわれています）。for文が入れ子になるとi、j、k……とアルファベット順に次の変数名が使われることが多いです。

無限ループには注意

for文を作る際に、注意すべきことが1つあります。それは、for文の条件式は、いずれ必ずfalseになる必要があるということです。もしも、ループカウンターが加算されるにもかかわらず、永久にtrueを返し続ける条件式を書いてしまうと、for文が終了せずに永遠に処理を繰り返すことになります。これを**無限ループ**と呼びます。無限ループを発生させると、いずれパソコンやアプリケーションがフリーズしてしまう可能性があります。意図しない無限ループ処理は危険なので、for文を書く際には条件式がいずれはfalseになるかどうか注意をしてください。

例えば以下のコードは無限ループが発生します（実行はしないでください）。

```
// 以下のコードは無限ループになるため、実行はしないでください
for (let i = 0; i >= 0; i++) {
  console.log('Hello');
}
```

iは0から始まって1ずつ加算されますが、条件式のi >= 0はどんなにiが増えてもtrueを返すので、無限ループとなります（もしも誤って無限ループを発生させてしまった場合は、ブラウザのタブを閉じて処理を中断させましょう）。

Check Test

Q1 for文に指定するA、B、Cの3つの役割をそれぞれ説明してください。

```
`for ([A]; [B]; [C])`
```

Q2 5から10までの数字を表示するプログラムをfor文を使って書いてください。

7 ___2 while文

前節では、「回数を指定して」繰り返し処理を行うfor文について解説しました。本節では回数を指定せずに「ある条件を満たす限り」繰り返しを行うwhile文について学習しましょう。

ある条件を満たす限り、処理を繰り返す例

例えば、次のような例を考えてみましょう。2番から始まり4番、8番、16番……と2倍ずつ増えていく番号の列を、100番を超えない範囲ですべて表示させるプログラムです。

```
// アウトプットイメージ
2番
4番
8番
16番
……  ←── 100番を超えない範囲で繰り返す
```

上の例は「値が100を超えない」という条件を満たす限り繰り返し処理を行うものです。このように、ある条件を満たす限り繰り返す処理はwhile文を使って実現することができます。まずはwhile文の書き方から見ていきましょう。

while 文の書き方

回数を指定せずに繰り返し処理が行える while 文の書き方は以下の通りです。

構文 | while 文

```
while ( 条件式 ) {
    処理 ;
}
```

while 文の仕組みはシンプルです。

❶ 条件式を評価する
❷ 条件式が false なら終了、条件式が true なら処理を実行

条件式が false になるまで❶と❷を繰り返します。

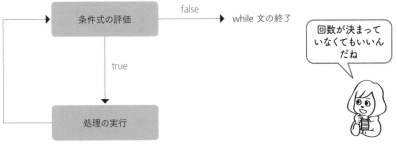

while 文のイメージ

　先ほどの例で考えてみましょう。100 を超えない範囲で、2番、4番、8番、16番……と2倍ずつ増えていく数字をコンソールに表示することを考えます。

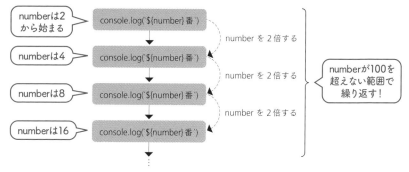

2番、4番、8番……と2倍ずつ数字を表示する

　以下が完成したコードです。

| リスト7-3 | 2倍ずつ増えていく数列を作る（while_example.js） |

```
let number = 2; // ❶

while (number < 100) { // ❷
  console.log(`${number}番`); // ❸
  number = number * 2; // ❹
}
```

実行結果

```
2番
4番
8番
16番
32番
64番
```

　このコードの処理を順番に説明していきます。

❶ let number = 2 と初期化しています。

❷ 始めの段階では number が 2 なので、条件式 number < 100 は満たされ、❸❹に移ります。

❸ `${number}番` をコンソールに表示します。

❹ number の 2 倍を number 自身に再代入します。つまり number を倍にしているわけです（for 文のときに i++ として、i を「+1」ずつ増やしたのに対し、この例では「2倍」ずつ増やしています）。この処理が終わったら、❷に戻ります。

このようにして 2 番、4 番、8 番と順にコンソールに表示をしていき、最終的には、number < 100 という条件を満たせなくなり、while 文は終了します。

■ Check Test

Q1 コンソールに 1、2、3、4、5 と順番に表示するプログラムを while 文を使って書いてください。

第 7 章 繰り返し処理

135

3 「配列」に対する 繰り返し処理

7

　ここまで、回数を指定して繰り返すfor文、ある条件を与えて繰り返し処理を行うwhile文を見てきました。本節では「配列」を主役にした繰り返し処理について見ていきたいと思います。この先プログラミングを進めていく中で「配列」に対する繰り返し処理はとてもよく使います。配列に対する繰り返し処理は、for文や、while文を使っても書くことはできるのですが、本節で紹介する方法を用いることで圧倒的に読みやすいコードになります。

　まずは、簡単な例を考えてみましょう。

　['りんご', 'みかん', 'バナナ']のような配列が与えられたときに、各要素をコンソールに表示するプログラムはどのように書けばよいでしょうか?

「配列」に対するfor文を使った繰り返し処理

　まずは先をあせらず、for文の復習から始めましょう。for文は回数を指定して繰り返し処理をすることができました。与えられた配列['りんご', 'みかん', 'バナナ']の要素数は3なので、3回処理を繰り返すことで、各要素をコンソールに表示することができますね。

リスト7-4 　for文を使って配列の要素を表示する例1 (for_array1.js)

```javascript
const fruits = ['りんご', 'みかん', 'バナナ'];

for (let i = 0; i < 3; i++) {
  console.log(fruits[i]);
}
```

実行結果

```
りんご
みかん
バナナ
```

上のコードは問題なく動きますが、少し応用的なことを考えてみましょう。

例えば与えられた配列が['りんご', 'みかん', 'バナナ', 'ぶどう']のように変更され、要素数が変わったとしましょう。このときfor文も書き換えが必要になるのですが、どのように書き換えればよいでしょうか。条件式のi < 3の部分をi < 4のように書き換えれば、意図した動作になりますね。しかし、このように与えられた配列が変わるたびに、for文を書き換えるのは面倒です。そこで、配列の要素数を取得することができるlengthを使います。lengthを使った、任意の長さの配列に対して意図した動作をするコードは以下のようになります。

リスト7-5 for文を使って配列の要素を表示する例2 (for_array2.js)

```javascript
const fruits = ['りんご', 'みかん', 'バナナ', 'ぶどう'];

for (let i = 0; i < fruits.length; i++) {
  console.log(fruits[i]);
}
```

実行結果

```
りんご
みかん
バナナ
ぶどう
```

これで、無事「配列」に対する繰り返し処理をfor文を使って書くことができました。ただ、このようなコードは書き方が複雑で少し難しく感じますね。でも安心してください、JavaScriptには「配列」に対する繰り返しをもっと簡単に書く方法が用意されていますので、その方法を紹介します。

for...of 文の書き方

「配列」に対する繰り返し処理を簡単に書く方法として for...of文 と呼ばれる
ものがあります。

| 構文 | for...of文 |

```
for（変数 of 配列）{
    処理；
}
```

forキーワードから始まるのでfor文と似ていますが、( )内の記述が大き
く異なっています。for...of文の括弧内は(変数 of 配列)のように書きます。
これだけで、自動的に配列の要素数回だけ繰り返し処理を行います。繰り返し
処理のたびに**変数**には配列の要素が順番に格納されるので、各要素へのアクセ
スも簡単に行うことができます。for文を使っていたときは**配列[インデックス]**
のように各要素にアクセスしていましたが、その必要がないということです。
　説明だけでは少し難しいかもしれません。具体的なコードを見てみましょう！
先ほどfor文を使って書いた「配列の要素をコンソールに表示するプログラム」
をfor...of文で書き換えると以下のようになります。

| リスト7-6 | for...ofの例 (for_of.js) |

```
const fruits = ['りんご', 'みかん', 'バナナ'];

for (const fruit of fruits) {
  console.log(fruit);
}
```

| 実行結果 |

```
りんご
みかん
バナナ
```

　　　　　3 「配列」に対する繰り返し処理

for文で書いたものと比較すると、かなりスッキリしていますね。変数fruitというのは任意の変数名を用いることができるので、fruitでもelementでもxでも構いません。ここでは配列の要素が果物を表すので、fruitとしました。for...of文は、配列の要素数だけ繰り返し処理が行われるので、この例の場合は3回繰り返されます。そして、変数fruitには、順番に**りんご**、**みかん**、**バナナ**という文字列が格納されます。

for文の場合は、**りんご**や**みかん**といった配列の要素を取り出すのにfruits[0]、fruits[1]のように書かなくてはなりませんでしたが、for...ofを使うことで、とても簡単に要素を扱うことができます。

上の例では、処理の中で各要素に対して再代入を行う必要はないのでconstを使っていますが、もしも処理の途中で再代入が必要な場合はletfruitのように書くこともできます。

■ Check Test

Q1 for...of文の書き方で正しいものを選んでください。

Ⓐ for（変数 of 配列）

Ⓑ for（配列 of 変数）

Q2 以下のコードは正常に動きません。その理由を答えてください。

```
const fruits = ['りんご', 'みかん', 'バナナ'];
for (const element of fruits) {
  element = element + '食べたい';
  console.log(element);
}
```

---

7 ── 4 breakでループを抜ける

　繰り返し処理は、基本的には指定された回数や、配列の要素の数だけ処理を実行させます。しかし、場合によってはループ処理を途中で終了させたいこともあります。そのようなときに使えるのが break 文です。break 文は、for 文、while 文、for...of 文のすべてに使用できます。

> **リスト7-7** if 文の中で break を使う（if_break.js）

```
for (i = 0; i < 10; i++) {
  if (i == 3) { // iが3になったタイミングでbreakが実行される
    break; // break文
  }
  console.log(`${i}回目の処理`);
}
```

実行結果

```
0回目の処理
1回目の処理
2回目の処理
```

　条件式は、i < 10 なので、本来、i が0から9になるまで10回処理が繰り返されるのですが、途中の if 文により i が3になったタイミングで break が実行されます。break が実行されると、即座にループ処理全体が終了するので、実行結果に「3回目の処理」という文字列は表示されることなく for 文は終了します。

第 **8** 章

関数

いくつかの処理をひとまとめにして名前をつけたものが関数です。何度も同じような処理を書く場合は、関数を使うと効率的にコードを書けるようになります。関数の作り方と使い方を学んでいきましょう。

8 — 1 関数とは

コードを書く前に、まずは関数の考え方について見ていきましょう。**関数**とは、簡単にいうと「処理をひとまとめにして名前をつけたもの」です。プログラムを書いていると、同じような処理をいろいろなところで実行したい場面がよくあります。一連の処理を関数としてひとまとめにしておくことで、いろいろな場所で同じ処理を実行させることができます。

関数を作るメリット

関数を作るメリットは大きく2つあります。

- コードの再利用ができる
- コードの読みやすさが向上する

よく利用される処理をまとめて関数にすることで、同じコードを何度も記述せずに済ませることができます。この再利用性はとても重要で、関数があることでプログラムを効率的に書くことができます！

第 8 章 関数

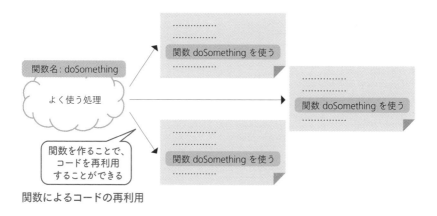

関数によるコードの再利用

また、たとえ繰り返し行われない処理であったとしても、関数を使うことでコードの読みやすさを向上させることができます。膨大な処理を1つのファイルに長々と書き連ねてしまうと、そのコードはとても読みづらくなります。意味のあるひとまとまりのコードを関数に抽出することで、コード全体を読みやすいものにできるのです。

　下図は擬似的なコードのイメージ図ですが、一連の処理がつらつらと書き連ねられていると何をしたいプログラムなのかを読み解くのは大変です。一方で、適切な範囲で処理を括って名前をつけることで、何をしているコードなのか読み解きやすくなりますね。

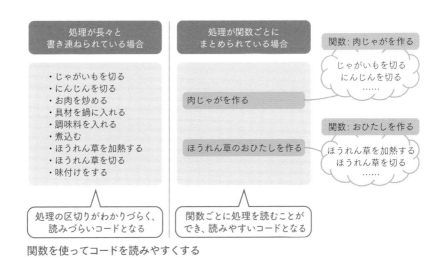

関数を使ってコードを読みやすくする

関数のイメージ

　関数の具体的な書き方を学ぶ前に、まずは関数のイメージをつかみましょう。関数は「処理をひとまとめにしたもの」と説明しましたが、その処理にはインプットとアウトプットという概念が存在します。関数は、インプットとして受け取った値を使って処理を行い、その処理結果をアウトプットできます。

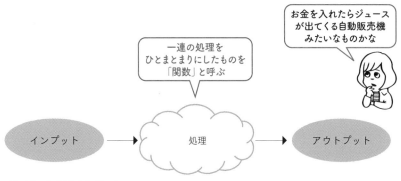

インプットとアウトプット

　例えば、「与えられた数値を2倍する」という処理を考えてみましょう。仮にインプットとして10をこの処理に渡した場合、アウトプットは10を2倍した数値、20となるわけです。

与えられた数値を2倍する関数

　プログラミングの世界では、このインプットのことを引数（argument）と呼び、アウトプットのことを戻り値（return value）と呼びます。また、関数には名前をつけることができ、その名前を関数名といいます。

🌑 引数と戻り値が存在しないこともある

　関数の引数と戻り値は必須ではありません。引数も戻り値もなく、ただ処理だけを行う関数も作ることができます。

引数と戻り値は存在しない場合もある

🌑 引数と戻り値は何個でもいいの？

　上で見たように、引数と戻り値は必須ではなく存在しない場合もあり得ます。では逆に、引数や戻り値はいくつでも設定することができるのでしょうか？答えは、「引数は何個でもよいが、戻り値は最大1つまで」となります。これはJavaScriptとしての決まりなので、そのように覚えておきましょう。引数の個数や、戻り値の有無は、関数を作るタイミングで、実行したい処理に応じて決めていくことになります。

■ Check Test

Q1　関数の説明で正しいものをすべて選んでください。

　Ⓐ主に数値の計算のために使われる

　Ⓑ処理をひとまとめにして名前をつけたもの

　Ⓒ関数には引数を何個でも渡すことができる

　Ⓓ関数には戻り値を複数設定することができる

8 ── 2 関数の書き方

　関数を作ったタイミングでは、まだ中身の処理は実行されません。処理を実行させるには、関数を「作るコード」とは別に、「実行するコード」を記述する必要があります。関数を作ることを**関数を定義する**といい、関数に処理を実行させることを**関数を呼び出す**といいます。

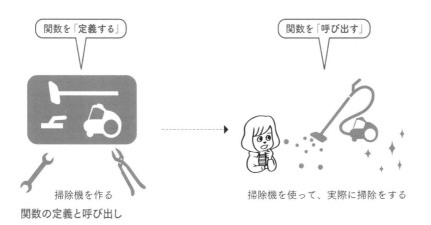

関数の定義と呼び出し

　関数の定義の仕方と呼び出し方を、それぞれ見ていきましょう。

関数宣言

　変数を使えるようにするときはconst、letというキーワードを使い、変数宣言と呼ばれるコードを書きました。それと似たように、関数を定義する場合はfunctionキーワードを使い、**関数宣言**と呼ばれるコードを書きます。

引数と戻り値が存在しない場合

まずは引数と戻り値が存在しないシンプルなケースで、関数宣言の構文を見てみましょう。

関数宣言によって関数を定義するには、functionキーワードに続いて**関数名()** のように書きます。その後ろの**{}** で囲まれた範囲に、関数で実行する処理を書きます。

構文 関数宣言による関数の定義

```
function 関数名() {
    処理;
}
```

定義された関数を呼び出すには、**関数名()** のように書きます。

構文 関数の呼び出し

```
関数名()
```

具体例を見てみましょう。コンソールに「こんにちは」と表示するだけの関数です。一度関数を定義したら、何度でも関数を呼び出すことができます。

リスト8-1 function.js

```
// 関数を定義
function hello() {
  console.log('こんにちは');
}

hello(); // ❶関数を呼び出す
hello(); // ❷何度でも呼び出すことができる
```

実行結果

```
こんにちは ──────── ❶
こんにちは ──────── ❷
```

「こんにちは」と表示させるときに毎回 `console.log('こんにちは')` と書くよりも `hello()` だけで済ませられると少し便利な気がしますね。

● 引数が存在する場合

続いて、引数が存在する場合を見てみましょう。構文は以下のようになります。これまでは「引数」と一口にしてきましたが、厳密には仮引数と実引数に分けて考えることができます。関数を定義する際の引数を**仮引数**（parameter）、関数を呼び出すときに実際に渡される引数を**実引数**（argument）と呼びます。

> **構文** 引数のある関数の定義

```
function 関数名(仮引数) {
    処理;
}
```

> **構文** 引数のある関数の呼び出し

```
関数名(実引数)
```

構文だけでは難しいので、具体例を見てみましょう。例えば、引数で`Alice`を渡したら、**こんにちはAliceさん**と表示し、`Bob`を渡したら**こんにちはBobさん**と表示するようなプログラムを考えます。

引数がある関数

先ほどの処理を定義した、helloという名前の関数は次のようになります。

リスト8-2 引数のある関数（function_with_argument.js）

```
// 関数の定義
function hello(name) {
  console.log(`こんにちは${name}さん`);
}

// 関数の呼び出し
hello('Alice'); // ❶
hello('Bob'); // ❷
```

> シングルクォーテーションではなくバックティック「`」を使っていることに注意。使い方を忘れてしまった人は4-4節「文字列」で復習しましょう

実行結果

```
こんにちはAliceさん ──── ❶
こんにちはBobさん ──── ❷
```

　関数を定義する際、仮引数としてnameを設定しています。仮引数の名前は自由に設定できるので、aやxでも構いませんが、ここでは人名を扱うのでnameとしています。仮引数nameは関数定義内でのみ有効な変数になります。console.log(`こんにちは${name}`)のようにnameを使って処理を書くことができます。関数を呼び出す場合はhello('Alice')のように、関数名に続く括弧の中に実引数を書きます。ここでは'Alice'や'Bob'が実引数ということになります。

◎ 戻り値が存在する場合

　次に戻り値が存在する場合の関数の書き方を見てみましょう。戻り値は、関数が処理を実行した際のアウトプットです。戻り値を指定するにはreturn 戻り値のように書きます。

構文 戻り値のある関数の定義

```
// 関数を定義する
function 関数名() {
  処理;
  return 戻り値;
}
```

とても簡単な例として、数字の 3.14 を返すだけの関数を作ってみましょう。

リスト8-3 pi.js

```
function pi() {
  return 3.14;
}

const a = pi(); // 関数pi()を呼び出し、その戻り値を、変数aに代入している
console.log(a);
```

実行結果

```
3.14
```

上記例のように戻り値が設定されている関数を呼び出す場合は、変数に代入して使うことが多いです。

Column

戻り値？　返り値？

戻り値のことを返り値と呼ぶこともあります。英語では「return value」なので、この訳として2つの呼び名が存在しています。どちらが正しいということはありませんが、本書では「戻り値」に統一します。

● 引数と戻り値が存在する場合

最後に、引数と戻り値が両方存在するパターンのコードを見てみましょう。これが理解できれば関数の基本はマスターしたことになります。

引数と戻り値がある関数

「引数で受け取った数値の2倍を返す」関数は以下のように書くことができます。

リスト8-4　double.js

```javascript
function double(number) {
  const result = number * 2;
  return result;
}

const a = double(10);
console.log(a); // ❶

const b = double(8);
console.log(b); // ❷
```

実行結果

```
20 ——————— ❶
16 ——————— ❷
```

引数は数値を想定しているので、仮引数はnumberとしています。中身の処理ではnumber * 2で引数の2倍を計算し、その結果を変数resultに代入しています。return resultとすることで、計算結果を返すdouble関数が完成しました。上の例では、計算結果を代入する変数resultを使いましたが、以下のように計算式をそのままreturnすることも可能です。

```
// 計算式をそのままreturnする書き換え
function double(number) {
  return number * 2;
}
```

関数名に使える文字列

関数名の書き方は変数と同様の制限があります。文字、数字、_（アンダーバー）、$（ドルマーク）を使うことができますが、先頭に数字を持ってくることはできません。日本語の関数名も許容されますが、本書では一貫して英語のみを使用します。

```
// 有効な関数名
function animal(){} // OK
function _name(){} // OK
function $price(){} // OK
function apollo13(){} // OK
function snake_case(){} // OK

// 無効な関数名
function 13apollo(){} // NG
function kebab-case(){} // NG
```

戻り値のない関数とconsole.log()

関数には戻り値が存在しないものも定義できると解説しました。それでは戻り値のない関数を以下のように定義して実行した場合、変数valueには何が入るのでしょうか。

```
function nonValue() { }
const value = nonValue();
```

このコードを実行すると変数valueにはundefinedが入ります。これは関数が値を返さない場合、つまり戻り値が存在しない場合にはundefinedを返すと決められているからです。

同様に今まで使ってきたconsole.log()も戻り値は存在しないためundefinedが自動で返されます。ブラウザのコンソール上でconsole.log()を実行するとundefinedが表示されていたのはこの仕様による挙動ということになります。

Check Test

Q1 数値を渡して偶数なら「偶数」、奇数なら「奇数」と文字列を返す関数を書いてください。

Q2 関数の名前で正しいものをすべて選んでください。

Ⓐ function 3name() {}

Ⓑ function 名前() {}

Ⓒ function na-me() {}

Ⓓ function na_me() {}

8 ___ 3 引数の応用

引数は複数設定できる

- -

　関数の戻り値は1つまでですが、引数は複数設定することが可能です。引数が複数個ある場合の関数の書き方を見てみましょう。引数を複数設定したい場合は、カンマ（,）で区切って並べます（カンマの後ろの半角スペースは省略可能ですが、見やすさのため本書ではこの記法を採用します）。

構文) 複数の引数を持つ関数定義

```
function 関数名 ( 仮引数1, 仮引数2, 仮引数3) {
    処理 ;
}
```

構文) 複数の引数を持つ関数の呼び出し

```
関数名 ( 実引数1, 実引数2, 実引数3)
```

　例えば、2つの数値を受け取り、その合計を計算する関数は以下のように書くことができます。

リスト8-5) sum.js

```
function sum(a, b) {
  const result = a + b;
  return result;
}

const x = sum(3, 5);
console.log(x); // ❶

const y = sum(10, 20);
console.log(y); // ❷
```

```
8 ────── ❶
30 ────── ❷
```

デフォルト引数

前節で紹介した「人物名を引数で受け取り、挨拶をする」関数を思い出してみましょう。

default_args1.js

```
function hello(name) {
  console.log(`こんにちは${name}さん`);
}

hello('Alice'); // ❶
hello(); // ❷引数を渡さずに呼び出した場合の挙動を確認
```

実行結果

```
こんにはAliceさん ────── ❶
こんにちはundefinedさん ────── ❷
```

この関数Aliceという名前がわかっている場合は、hello('Alice')のように関数を呼び出し、求める処理を実行することができます。しかし、もしも人物名がわからない場合、例えばhello()のように引数を省略してしまうと、**こんにちはundefinedさん**という文言が表示されてしまいます。これは、実引数を省略すると、自動的にundefinedという値として処理されてしまうというJavaScriptの仕様によるものです。

◉ デフォルト引数を使って改良してみよう

デフォルト引数を使うことで、上記の問題を改善することができます。

例えば、人物名がわからない場合は、**こんにちはundefinedさん**と表示す

るのではなく、**こんにちはゲストさん**と表示したいとしましょう。その場合は以下のように書くことで実現することができます。

default_args2.js

```javascript
function hello(name = 'ゲスト') {
  console.log(`こんにちは${name}さん`);
}

hello('Bob'); // ❶
hello(); // ❷
```

実行結果

```
こんにちはBobさん ──────── ❶
こんにちはゲストさん ──────── ❷
```

　ポイントは1行目のname = 'ゲスト'の部分です。もしも関数を呼び出すときに実引数が渡されなかった場合は、=右辺の'ゲスト'という値が代わりに使われます。そのためhello()と関数を呼び出した場合、まるでhello('ゲスト')として実行されたかのように**こんにちはゲストさん**という結果が表示されます。=右辺の値を**デフォルト値**と呼びます。このように、デフォルト値が設定された引数のことを**デフォルト引数**といいます。

構文 　デフォルト引数を使った関数宣言

```
function 関数名(仮引数 = デフォルト値) {
  処理;
}
```

■ Check Test

Q1　名前を渡すと語尾に「さん」と敬称を足した文字列を返し、オプションで敬称を指定できる関数を書いてください。

8 ━ 4 関数式

前節では、関数宣言による関数の定義方法について説明しました。本節では、関数を定義するもう1つの方法である**関数式**について解説します。

▍関数式とは

関数式は関数宣言とよく似た表記方法であり、関数を定義するという役割は変わりません。しかし関数式は関数宣言と異なり、文字通り関数を「式」として扱うことができます。式とは「値を返すもの」であり、変数に代入したりすることができました。関数式も同様に変数に代入して使うことができます。具体的なコードを見ながら関数式の特徴を学んでいきましょう。

▍関数式の書き方

それでは関数式の書き方を見ていきましょう。以下は、関数式を変数に代入する方法です。

構文 ┃ 関数式を変数に代入

```
const 変数名 = function ( 引数1, 引数2, ……) {
    処理 ;
    return 戻り値 ;
}
```

代入演算子=の右辺が関数式となりますが、関数宣言とほとんど違いがないことがわかるはずです。以下の関数宣言の構文と見比べてみましょう。

関数宣言

```
function 関数名 ( 引数 1 , 引数 2 , ……) {
  処理 ;
  return 戻り値 ;
}
```

　関数式と関数宣言の主な違いは、functionキーワードの直後に関数名が存在しないことです。関数式はこのように名前のない関数を作ることができ、その関数は**無名関数**（anonymous function）とも呼ばれます。
　関数式を使った具体的なコードは以下のようになります。

リスト8-8　function_expression.js

```
// 関数式を用いた関数定義
const sayHello = function() {
  console.log('こんにちは');
}

// 関数の呼び出し
sayHello();
```

実行結果

こんにちは

　上のコードはsayHelloという変数に関数式を代入しています。このように書くことでsayHelloは関数と同じ振る舞いをすることになります。関数の呼び出しは関数宣言と同様にsayHello()と書きます。このコードは関数宣言を用いて以下のように書き換えることができます。

```
function sayHello() {
  console.log('こんにちは');
}
```

関数式の用途

関数式は関数宣言ととても似ているため、初めのうちは存在意義を理解するのは難しいかもしれません。しかし関数式はJavaScriptにおいて頻繁に使われる記法でもあります。本書でも9-3節「メソッドの書き方」や第14章「DOMとイベント」にて関数式が使われます。いろいろなコードに触れることで、関数式の使いどころや、その価値が見えてくるので少しずつ慣れていきましょう。

Check Test

Q1 関数式の特徴で正しいものをすべて選んでください。

Ⓐ関数宣言とは違い、名前を省略することができる

Ⓑ作った関数の挙動は関数宣言と同じで役割は変わりない

Ⓒ関数式では名前をつけることができない

Ⓓ関数式で名前をつけていないものを無名関数と呼ぶ

アロー関数式

関数定義の新しい記法として、**アロー関数式**^{かんすうしき}というものがあります。アロー
関数式を使うと、関数式をより簡潔に書くことができます。本書で関数を扱う
場合は、わかりやすさのため関数宣言と関数式を用いますが、アロー関数式も
よく使われる記法です。ここでその記法について学んでおきましょう。

```
// 通常の関数式
const doSomething = function () {
    処理;
}

// アロー関数式
const doSomething = () => {
    処理;
}
```

通常の関数式だと function キーワードを使いますが、アロー関数式は引
数の () の後にアロー（矢印）を表現する => を置きます。書き方の違いはこれ
だけです。当然引数も受け取ることができます。

```
// 通常の関数式
const doSomething = function (x, y) {
    処理;
}

// アロー関数式
const doSomething = (x, y) => {
    処理;
}
```

このようにアロー関数式は function キーワードを使わずとも関数定義でき、
簡易です。さらにアロー関数式は、1行で書く場合に波括弧 ({}) と return キー
ワードを省略することもできます。

```
// 一般的なアロー関数式の書き方
const doSomething = (a) => {
  return a * 2;
}

// {} と return を省略して1行で書くアロー関数式
const doSomething = (a) => a * 2;
```

「関数式」と「アロー関数式」には違いがあるの？

アロー関数式は関数式の簡潔な書き換えと紹介しましたが、厳密には
この2つには、細かな機能の違いがあります。この違いは難しい話になっ
てしまうので、解説は割愛しますが、注意点だけ紹介しておきます。
第9章で「メソッド」について学びますが、このメソッドは「関数式」
を用いて記述する必要があります。この部分を「アロー関数式」で書
き換えると、うまく動かないことがあるので注意してください（この
ような違いが生じるのは、関数内部で記述するthisの役割が関数式
とアロー関数式では異なるためです）。

8 — 6 スコープ

　変数には有効範囲が存在します。ある変数を定義したときに、有効範囲を越えた場所では、その変数を使うことができません。この有効範囲のことを**スコープ**といいます。スコープを理解していないと、「変数を宣言しているのにアクセスできない」といった問題がおきてしまいます。スコープは、関数やif文などを書くと自然と作られるものです。本節でその仕組みを学びましょう。

■ スコープのイメージ

　まずはスコープの概念について理解しましょう。スコープは変数の有効範囲です。あるスコープで宣言された変数はそのスコープ内でのみ参照することができ、スコープの外で宣言された変数を使おうとするとエラーとなります。

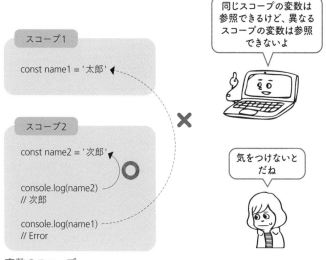

変数のスコープ

また、スコープは入れ子構造となることがあります。入れ子構造になっている場合、内側のスコープでは外側のスコープに存在する変数を参照することはできますが、逆に外側のスコープから内側の変数を参照することはできません。

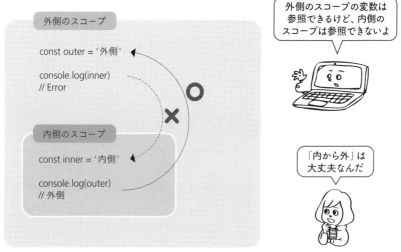

スコープの入れ子構造

スコープはどうやって作られるのか？

変数を作るときは let や const というキーワードを使いましたし、関数を作るときには function キーワードを使いました。しかし、スコープは変数や関数のときのようにスコープそのものを作成するためのキーワードは存在しません。スコープは様々な JavaScript コードを書く中で自然と作られるものなのです。例えば、関数や if 文などを書くとスコープが作られます。スコープは、その作られ方から大きく 3 つの種類に分類できます。

3種類のスコープ

- 関数スコープ
- ブロックスコープ
- グローバルスコープ

◎ 関数スコープ

　関数スコープは関数を定義する際に作られるスコープです。関数スコープによって、関数定義の{}内部で宣言した変数は{}内部でのみ参照が可能です。関数の外側から内部の変数を参照しようとするとエラーとなります。

リスト8-9　　scope.js

```
// 関数スコープ
function sample() {
  const x = 10;
  console.log(x); // sample関数内部からxを参照することはできる
}
sample(); // ❶
console.log(x); // ❷sample関数外部からxは参照できないためエラーになる
```

実行結果

```
10 ──── ❶
Uncaught ReferenceError: x is not defined ←── ❷エラーメッセージ
```

◎ ブロックスコープ

　いくつかの文を、{}で囲んだものを**ブロック文**と呼びます。これまで学んできたfor文やif文でもこのブロック文を使っていました。ブロック文によって作られるスコープをブロックスコープと呼びます。ブロックスコープ内で宣言された変数はそのブロック内でのみ参照することができます。ブロックの外側から内部の変数を参照しようとするとエラーになります。

リスト8-10 block_scope.js

```
if (true) {
  const x = 10;
  console.log(x);  // ❶ブロック内部から変数xを参照することはできる
}
console.log(x);  // ❷ブロック外部から変数xは参照できないためエラーになる
```

実行結果

```
10 ──── ❶
Uncaught ReferenceError: x is not defined ──┤❷エラーメッセージ
```

🌐 グローバルスコープ

　スコープは入れ子構造にすることができると説明しましたが、**グローバルス コープ**はその入れ子構造の一番外側に常に存在しているスコープです。つまり、関数やブロックが存在しない場所はグローバルスコープということです。

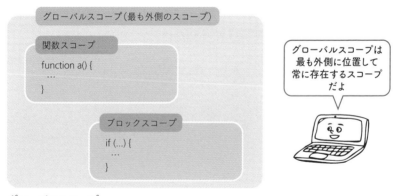

グローバルスコープ

　グローバルスコープで宣言された変数を**グローバル変数**（へんすう）と呼びます。入れ子構造のスコープにおいて、内側のスコープは常に外側のスコープの変数を参照することができるので、グローバル変数はどこからでも参照することができます。

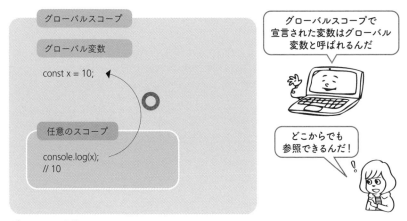

グローバル変数

```
const z = 1; // グローバルスコープでの変数宣言

function doSomething() {
  console.log(z); // zを参照することができる
}

if (true) {
  console.log(z); // zを参照することができる
}
```

同一スコープでは同じ名前の変数を宣言できない

3-3節「変数に使える文字列」で、「同じ名前の変数は宣言できない」とおお
ざっぱに説明しましたが、これは厳密には「同一スコープでは」という条件が
つきます。逆にスコープが違えば、すでに使用している変数名を使うことがで
きます。

```
const a = 1;
function doSomething1() {
  const a = 2;  // 変数名aはすでに宣言されているが、スコープが違うため使用すること
  ができる
}

function doSomething2() {
  const b = 1;
  const b = 2;  // 変数名bは同一スコープにおいてすでに宣言されているため使うことが
  できないので、エラーとなる
}
```

Check Test

Q1 以下のコードの出力結果は何になりますか？

```
let a = 10;
if (true) {
  let a = 20;
}
console.log(a);
```

Q2 グローバル変数の特徴で間違っているものを選んでください。

A グローバル変数と同じ名前の変数は定義することができない

B どこからでも参照することができる

C const で宣言されていなければ、どこからでも書き換えること
ができる

第 **9** 章

オブジェクト

プログラムの中でも現実世界に
存在する「モノ」を扱う場合が
あります。この「モノ」をコー
ドで表したものがオブジェクト
です。オブジェクトを構成する
要素には「情報」と「振る舞い」
の2つがあります。それぞれ見
ていきましょう。

この章で学ぶこと

1 __ オブジェクトの考え方

2 __ オブジェクトの書き方

3 __ メソッドの書き方

9 ─ 1 オブジェクトの考え方

　本章ではオブジェクトについて解説していきます。オブジェクトは概念がや
や抽象的なため、初めてプログラミングを学ぶ方は少し難しく感じるかもしれ
ません。本節では、オブジェクトがなぜ必要で、どのようなものなのか説明し
ます。

■ なぜオブジェクトが必要なのか？

　これまで、変数や配列を使って様々なデータを扱ってきました。例えば以下
のようないくつかの変数があったとしましょう。これは何の情報を表している
のでしょうか？

```
const name = 'アリス';
const color = '青';
const age = 20;
const inch = 26;
const price = 20000;
```

　おそらく、これだけでは何の情報を扱っているのか検討がつかないはずです。
実はnameとageは「人物」のデータを、colorとinchとpriceは「自転車」
のデータを表しているのですが、このような表現では隠された意味を汲み取る
ことは難しいでしょう。このように、データはバラバラに存在しているだけでは、
うまく意味を表すことができません。意味を正しく表現するには、データをい
くつかの集まりとしてまとめる必要があります。

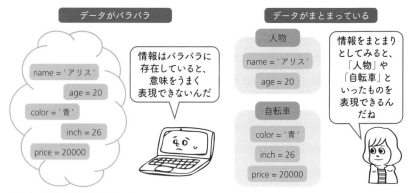

データがバラバラ

データがまとまっている

情報はバラバラに
存在していると、
意味をうまく
表現できないんだ

name = 'アリス'

age = 20

color = '青'

inch = 26

price = 20000

人物

name = 'アリス'

age = 20

自転車

color = '青'

inch = 26

price = 20000

情報をまとまり
としてみると、
「人物」や
「自転車」と
いったものを
表現できるん
だね

情報の意味を汲み取るには

　「人物」や「自転車」といった「もの」がまさに**オブジェクト**のことです。簡単にいえば、オブジェクトとはいくつかの情報を集めたものです。バラバラのデータでは意味をうまく表現できませんが、オブジェクトとしてひとまとまりのデータにすることで、正しく対象物を扱うことができるようになります。

オブジェクトとは

　オブジェクトは日本語で、ものや対象物という意味です。例えば「人物」「自転車」「本」などは、すべてオブジェクトと捉えることができます。プログラミングで扱うオブジェクトは、「人物」「自転車」「本」のように必ずしも"有形"である必要はありませんが、まずは概要を理解するため、これらを例に説明を進めましょう。

人物

名前	アリス
年齢	20

本

タイトル	吾輩は猫である
著者	夏目漱石
ページ数	620

自転車

色	青
インチ	26
値段	20000

様々なオブジェクト

　人物オブジェクトであれば、名前、年齢というデータを持っています。自転車は色、インチ、値段というデータを持っています。このようにオブジェクトは複数のデータをひとまとまりにしたものです。それほど難しく考える必要はありません。オブジェクトの書き方を解説する前に、もう少しだけ準備をしておきましょう。プロパティとメソッドについて簡単に説明をしておきます。

プロパティとは

　オブジェクトについて理解を深めるために、プロパティという大切な概念について説明します。

　「本」というオブジェクトを例にとってみると、タイトルは「吾輩は猫である」、著者は「夏目漱石」、ページ数「620」と、オブジェクトを特徴づけるデータを持っています。このデータ1つひとつのことを、**プロパティ**といいます。プロパティは日本語では「財産」「属性」などと訳されますが、簡単にいうとオブジェクトが「持っているもの」ということです。タイトルや著者名は、まさに本が持っているデータのことですね。プロパティは**キー**（key）と**値**（value）のペアから成り立っていて、例えば「タイトル」がキーで、「吾輩は猫である」が値となります。また、キーのことを**プロパティ名**とも呼びます。

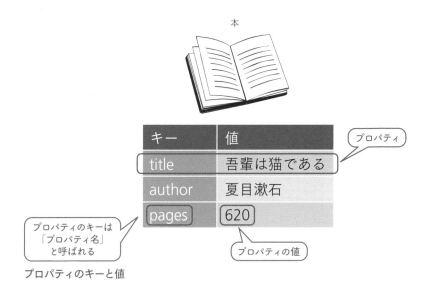

本

キー	値
title	吾輩は猫である
author	夏目漱石
pages	620

プロパティ

プロパティのキーは
「プロパティ名」
と呼ばれる

プロパティの値

プロパティのキーと値

　改めて「オブジェクトとは何か」という問いに答えるなら、「オブジェクトとはプロパティの集まり」ということができます。

メソッドとは

　ここまで、データの集まりがオブジェクトという話をしてきました。実はオブジェクトはデータだけではなく、振る舞いを持つこともできます。

　振る舞いといわれてもピンとこないかもしれません。例を見てみましょう。ここでは人物というオブジェクトを考えてみます。人物オブジェクトは名前や年齢というデータを持ちますが、「挨拶をする」や「本を読む」などの行動をとることができます。

1 オブジェクトの考え方

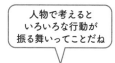

人物で考えると
いろいろな行動が
振る舞いってことだね

情報	人物オブジェクト	振る舞い

名前	アリス
年齢	20
趣味	読書, 料理

挨拶をする

散歩をする

本を読む

オブジェクトの振る舞い

　このように、オブジェクトに関する振る舞いを表現するものが**メソッド**です。振る舞いは、単なるデータとは違い、何かしらの処理を行うものなので、プログラム中では関数として記述されます。次の節で詳しく見ていきますが、オブジェクトに紐づいた関数のことをメソッドと呼びます。

　ここまで、オブジェクト、プロパティ、メソッドの概念について説明をしてきました。次の節で、具体的なコードの書き方を見ていきましょう。

■ Check Test

Q1 JavaScriptのオブジェクトを成り立たせる大きな2つの要素とは、何と何でしょうか。

9-2 オブジェクトの書き方

オブジェクトの作り方

それでは、JavaScriptにおける具体的なオブジェクトの書き方を見てみましょう。

> **構文** オブジェクトの書き方
>
> ```
> {
>   キー1: 値1,
>   キー2: 値2,
>   キー3: 値3
> }
> ```

オブジェクトは全体を`{}`で囲み、その中に**キー：　値**のようにプロパティのキーと値のペアをカンマ（`,`）区切りで並べます。プロパティは何個でも設定することができます。

例えば、「本」オブジェクトは以下のように書くことができます。オブジェクトも1つの値なので、変数に格納することができます。`console.log()`を使って、オブジェクトそのものを表示することも可能です。

> **リスト9-1** 「本」オブジェクト（object.js）
>
> ```javascript
> const book = {
>   title: '吾輩は猫である',
>   author: '夏目漱石',
>   pages: 620
> }
>
> console.log(book);
> ```

```
{title: '吾輩は猫である', author: '夏目漱石', pages: 620}
```

オブジェクト内の改行やインデントにルールはないので、以下のように1行で書くこともできます。

```
const book = { title: '吾輩は猫である', author: '夏目漱石', pages: 620 }
```

ちなみに、プロパティが0個のオブジェクトを作ることもできます。空っぽのオブジェクトは以下のように書けます。

```
const emptyObject = {}
```

オブジェクトのデータ型

オブジェクトのデータ型はobjectとなります。typeof演算子を使って確認してみましょう。

リスト9-2　オブジェクトのデータ型を調べる（typeof.js）

```
const obj = {a: 1}
console.log(typeof obj);
```

実行結果

```
object
```

プロパティへのアクセス方法

　次にオブジェクトのプロパティにアクセスする方法を見ていきましょう。ドット表記法とブラケット表記法の2通りがあります。下の例は、bookオブジェクトのtitleプロパティの値を表示するコードです。

リスト9-3　オブジェクトのプロパティにアクセスする（properties.js）

```
const book = { title: '吾輩は猫である' }

console.log(book.title); // ❶ドット表記法
console.log(book['title']); // ❷ブラケット表記法
```

実行結果

```
吾輩は猫である ───── ❶
吾輩は猫である ───── ❷
```

- ドット表記法
    - ・オブジェクトにドットとプロパティ名をつなげて書く

- ブラケット表記法
    - ・オブジェクトに [] をつけその中にプロパティ名を文字列として書く

　存在しないプロパティにアクセスをすると undefined となります。

リスト9-4　存在しないオブジェクト（properties_undefined.js）

```
const book = { title: '吾輩は猫である' }

console.log(book.author); // ❶
console.log(book['author']); // ❷
```

```
undefined ───── ❶
undefined ───── ❷
```

どちらの方法も、プロパティを取り出すだけでなく、新しいプロパティの追加や、プロパティの上書きができます。

リスト9-5 プロパティの追加と上書き（properties_update.js）

```
const book = { title: '吾輩は猫である' }
book.author = '夏目漱石'; // 新しいプロパティを追加
book['pages'] = 620; // 新しいプロパティを追加
console.log(book); // ❶

const person = { name: 'Alice', age: 20 }
person.name = 'Bob'; // プロパティを上書き
person['age'] = 25; // プロパティを上書き
console.log(person); // ❷
```

実行結果

```
{title: '吾輩は猫である', author: '夏目漱石', pages: 620} ───── ❶
{name: 'Bob', age: 25} ───── ❷
```

ここまでの説明で、ドット表記法とブラケット表記法のどちらを使えばよいのか気になった読者の方もいるかもしれません。基本的には、見た目がスッキリしていて読みやすいドット表記法を使うのがよいでしょう。しかし、この2通りには細かな違いがあり、特殊な状況によってはブラケット表記法しか使えない場合があります。

ドット表記法とブラケット表記法の違い

おさらいになりますが、変数名には使える文字列に一定のルールがありました。例えば、ハイフンを含む`first-name`や数字から始まる`123name`といった文字列は変数名としては使うことができません。

```
const first-name = 'Alice'; // エラーとなる
const 123name = 'Bob'; // エラーとなる
```

　しかし、オブジェクトのプロパティ名はクォーテーションで囲むことで任意の文字列を使用することができます。例えば以下のようなオブジェクトを作成することができます。

```
// エラーにならないコード
const obj = {
  'first-name': 'Alice',
  '123name': 'Bob'
}
```

　このように、プロパティ名をクォーテーションで囲んでいる場合、プロパティへのアクセスには、ドット表記法は使えず、ブラケット表記法しか使うことができません。これが1つ目の違いです。

```
const obj = { 'first-name': 'Alice' }

obj['first-name']; // OK
obj.first-name; // NG (エラーになる)
```

　2つ目の違いは、プロパティにアクセスする際、変数を利用できるかどうかです。下の例を見てみましょう。

リスト9-6　変数を使ってプロパティにアクセスする（properties_access.js）

```
const book = { title: '吾輩は猫である' }
const a = 'title';
console.log(book[a]); // ❶
console.log(book.a); // ❷ aという名前のプロパティにアクセスしようとする
```

実行結果

```
吾輩は猫である ────── ❶
undefined ────── ❷
```

ブラケット表記法の場合は、'title'という文字列が格納された変数key を使って、bookオブジェクトのtitleプロパティにアクセスが可能です。一方で、ドット表記法の場合はaがそのままプロパティ名として判定されてしまい、undefinedとなってしまいます。

● 違いのまとめ

- ドット表記法
  - ・プロパティ名は変数名と同様に制限がある
  - ・変数を使ったプロパティアクセスはできない
- ブラケット表記法
  - ・クォーテーションで囲まれた任意のプロパティ名にアクセス可能
  - ・変数を使ったプロパティアクセスができる

　オブジェクトのプロパティへのアクセスには、基本的にはコードの読みやすさの観点からドット表記法を使い、それでは表現できない場合はブラケット表記法を使うようにしましょう。

Check Test

Q1 色（color）が赤で、インチ（inch）が25の、自転車オブジェクトbicycleを表現するコードを書いてください。

Q2 Q1で書いたオブジェクトから、色（color）の値を取得するコードを書いてください。

Q3 Q1で書いたオブジェクトのインチ（inch）を16に変更するコードを書いてください。

---

9 — 3 メソッドの書き方

メソッドはオブジェクトの「振る舞い」を表したものと説明しましたが、構造的にはメソッドもプロパティの一種です。プロパティはキーと値によって成り立っていますが、その値の部分にはどんなデータでも設定することができます。下の図のように、文字列、数値だけではなく、関数を設定することもできます（プロパティの値に、別のオブジェクトを設定することさえできます）。このようにプロパティの値に設定された関数をメソッドと呼びます。

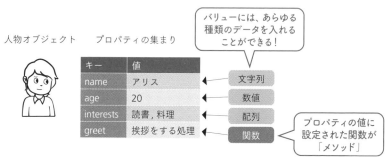

メソッドもプロパティの1つ

上の図で表した人物（person）オブジェクトを、コードにしたものが下です。

リスト9-7 「人物」オブジェクト（object_person.js）

```
const person = {
  name: 'アリス',
  age: 20,
  interests: ['読書', '料理'],
  greet: function() { console.log('こんにちは'); } // この行が
メソッドの記述
}
```

personオブジェクトに「挨拶をする処理」をメソッドとして付与するために、greetというキーを用意し、その値に関数を設定しています。ここに書く関数は8-4節で学んだ「関数式」です。

　また、このキーのことを、**メソッド名**といいます。上の例ではgreetがメソッド名となります。

```
const オブジェクト名 = {
    プロパティ名: 値,
    メソッド名: 関数式
}
```

　メソッドも関数同様、「定義」しただけでは内部の処理は行われず、「呼び出す」ことによって実際に処理を行わせることができます。メソッドを呼び出す場合は、オブジェクトに続けて**.メソッド名()**と書きます。関数との違いは、メソッド名の前にオブジェクト名を記載するという点です。

構文	メソッドの呼び出し

```
オブジェクト名.メソッド名 (実引数)
```

　具体的に、メソッドを定義し、それを呼び出す例を見てみましょう。

リスト9-8	メソッドを定義し、呼び出す（object_person_method.js）

```
const person = {
  name: 'アリス',
  greet: function() {
    console.log('こんにちは');
  }
}

person.greet();
```

読みやすさのため改行を入れてもよい

実行結果

```
こんにちは
```

第 **9** 章　オブジェクト

関数とメソッドの違い

関数とメソッドは初学者にとっては混乱しやすい用語の1つです。上で説明したように、メソッドは関数の一種です。関数のうち、オブジェクトに紐づけられたものがメソッドと呼ばれます。見た目上は、関数の前にドット（.）がついていればメソッドということになります。

メソッドの this について

メソッドの内部では this という特別なキーワードを使うことができます（this は一般的な関数でも使うことができますが、挙動が複雑なため、ここではメソッドに限って説明をします）。

this の説明は少しややこしいのですが、先に役割を紹介しておくと、メソッド内部の this は「メソッドを呼び出すオブジェクト自身」を指します。言葉だけで説明されてもイメージが湧かないかもしれませんので、以下で詳しく見ていきましょう。

this を使うメリット

this のメリットを実感するために、まずは次のコードを見てください。

```
// 改善の余地があるコード
const person = {
  name: 'Alice',
  greet: function() { console.log('こんにちは、私はAliceです。'); }
}
```

greet() メソッド内の**こんにちは、私はAliceです**という文章には、name

3 メソッドの書き方

プロパティの値である、Aliceを含んでいます。このコードは改善の余地が
あります。もし、名前をAliceからBobに変更したい場合、nameプロパティ
とgreet()メソッドの2箇所を書き換えなくてはなりません。本来であれば、
そのような手間をかけないために、以下のようにnameプロパティを参照する
ようなコードを書きたいところです。しかし、これではうまくいきません。

リスト9-9 nameプロパティを参照できないコード（object_person_this_ng.js）

```
// うまく動作しないコード
const person = {
  name: 'Alice',
  greet: function() {
    console.log(`こんにちは、私は${name}です。`); // 意図した動作にならない
  }
}

person.greet();
```

実行結果

こんにちは、私はです。 ◀── 名前が表示されていない……

greet()メソッド内部から、他のプロパティであるnameを直接参照する
ことはできません。この問題を解決してくれるのがthisです。thisは「メソッ
ドを呼び出すオブジェクト」を指すので、そのオブジェクトを経由してプロパ
ティにアクセスすることができるのです。具体的なコードを見てみましょう。
以下のコードは正しく動作します。

リスト9-10 thisを経由してプロパティにアクセスする（object_person_this_ok.js）

```
// うまく動作するコード！
const person = {
  name: 'Alice',
  greet: function() {
    console.log(`こんにちは、私は${this.name}です。`); // 意図した動作をする
  }
}

person.greet();
```

こんにちは、私はAliceです。 ◀──── 意図した結果

　thisはgreet()を呼び出すpersonオブジェクトを指すので、this.nameと書くことで、personオブジェクトのnameプロパティにアクセスできるようになるのです。

　またnameプロパティが変更された場合は、自動的にgreet()メソッドの結果も連動して変更されます。

プロパティに連動してメソッドも変更される
（object_person_this_update.js）

リスト9-11

```
const person = {
  name: 'Alice',
  greet: function () {
  console.log(`こんにちは、私は${this.name}です。`);
  }
}

person.name = 'Bob'; // nameプロパティを上書き
person.greet();
```

実行結果

こんにちは、私はBobです。

　このように、メソッドからプロパティを参照したいケースはよくあることです。thisキーワードを使うことで、実現できることを頭に入れておきましょう。

Check Test

Q1 関数とメソッドの違いについて説明してください。

第 **10** 章

標準組み込み
オブジェクト

JavaScriptにはもともと用意されているオブジェクトが存在し、標準組み込みオブジェクトといいます。これらを使うことで煩雑な処理も簡単に行うことができるようになります。本章では特によく使うMathとDateの使い方を学びましょう。

ここまで、オブジェクトの作り方について見てきましたが、JavaScriptにはもともと用意されているオブジェクトが存在します。これらのオブジェクトを**標 準 組み込みオブジェクト**（Standard built-in Objects）といいます。本章ではその中でもよく使われるMath、Dateの2つをピックアップして、解説します。まずはMathから見ていきましょう。

Mathは数学的なデータの取り扱いを便利にしてくれるオブジェクトです。Math自体が1つのオブジェクトなので、このオブジェクトにプロパティやメソッドが用意されています。それぞれの使い方を解説します。

円周率 π

数学の円周率3.14159……というデータはMathのプロパティに用意されています。円周率のプロパティ名は**PI**なので、以下のように書くことで円周率を取得することができます。

リスト10-1 円周率を表示する（pi.js）

```
console.log(Math.PI);
```

実行結果

```
3.141592653589793
```

プロパティ名は大文字と小文字が区別されるので、**Math.pi**ではないことに注意してください。

続いて、Mathの便利なメソッドを見ていきましょう。

第10章 標準組み込みオブジェクト

絶対値の計算

絶対値を計算したいときはabs()メソッドを使います。abs()は引数で与えられた数値の絶対値を返します。

リスト10-2 絶対値を表示する（abs.js）

```
console.log(Math.abs(-10));
console.log(Math.abs(10));
```

実行結果

```
10
10
```

四捨五入／切り捨て／切り上げ

小数数を四捨五入する場合はround()、小数点以下を切り捨てる場合はfloor()、切り上げる場合はceil()が使えます。

リスト10-4 小数点の処理（round_floor_ceil.js）

```
console.log(Math.round(1.4)); // ❶四捨五入
console.log(Math.round(1.5)); // ❷四捨五入
console.log(Math.floor(10.3)); // ❸切り捨て
console.log(Math.ceil(10.3)); // ❹切り上げ
```

実行結果

```
1 ———— ❶
2 ———— ❷
10 ———— ❸
11 ———— ❹
```

ランダムの数を生成

他にもよく使うメソッドとして、0以上1未満の範囲でランダムな値を返すrandom()メソッドがあります。random()メソッドは引数をとらず、以下のように呼び出すたびに異なる値を返します。

リスト10-3 ランダムな数を表示する（random.js）

```
console.log(Math.random());
console.log(Math.random());
console.log(Math.random());
```

実行結果

```
0.1004281772664648
0.6774349385079976    実行するたびに異なる
0.6521927202985087
```

サイコロを作ろう

これまで学習したMathの機能を使ってサイコロのプログラムを作ってみましょう。1〜6の範囲でランダムに整数が表示されるようにするにはどうしたらよいでしょうか。

random()メソッドは、0以上1未満の数を生成するので、これを6倍することで、0以上6未満の数を生成することができます。

```
console.log(Math.random() * 6); // 5.316800029544741 ⏎
（実行するたびに異なる）
console.log(Math.random() * 6); // 1.206764907547122 ⏎
（実行するたびに異なる）
```

0以上6未満の小数を`floor()`を使って、小数点以下を切り捨てることで、0から5の整数に変換することができますね。

```
console.log(Math.floor(Math.random() * 6)); // 3（実行するたびに異なる）
console.log(Math.floor(Math.random() * 6)); // 0（実行するたびに異なる）
```

0から5の整数を生成することができたので、最後にこれに**+1**すれば、サイコロプログラムの完成です。

リスト10-5 サイコロプログラム（dice.js）

```
console.log(Math.floor(Math.random() * 6) + 1);
```

実行結果

4 ← 実行するたびに異なる

10 __2 Date

プログラムを書いていると、日付の情報を扱いたい場面があります。そんなときに使えるのが**Date オブジェクト**です。日付の情報をオブジェクトとして扱えるようにしたものがDate オブジェクトです。Date オブジェクトの生成方法は、これまで見てきたオブジェクト生成とは大きく異なるので、その方法から見ていきましょう。

▍new 演算子を使ったオブジェクト生成

Date オブジェクトを生成するには、new演算子というものを使います。

構文 Date オブジェクトの生成

```
new Date()
```

new演算子に続いてDate()と書くことで、Date オブジェクトを生成することができます。このようなnew演算子を使ったオブジェクトの生成方法は、Dateだけでなく、一般的にその他の組み込みオブジェクトに対しても使用する手法です。具体的なコードを見てみましょう。

リスト10-6 現在時刻の取得（now.js）

```
const now = new Date();
console.log(now);
```

実行結果

```
// Sat Jan 08 2022 12:58:55 GMT+0900 （日本標準時）
```
実行した日付によって変わる

上のように、引数を渡さずDate オブジェクトを生成した場合、現在時刻情報を持ったオブジェクトとなります。console.log() でnowの中身を見る

ことで、日時に関する様々な情報を持っていることがわかりますね。

Dateオブジェクトは現在時刻だけでなく、任意の日時を扱うことができます。以下のように日時に関する情報を引数として渡すことで、特定の日時の情報を持ったDateオブジェクトを作ることができます。

リスト10-7 特定日時のDateオブジェクトを作成（the_day.js）

```
const theDay = new Date(2030, 3, 1, 5, 20, 0);
console.log(theDay);
```

実行結果

```
// Mon Apr 01 2030 05:20:00 GMT+0900（日本標準時）
```

引数を6つ渡しており、左から、年、月、日、時、分、秒を表しています。パッと見たところ直感的でわかりやすいですが、一点だけとても間違えやすい罠があります。それは「月」のデータだけ、0〜11の範囲で指定する必要があることです。年は「2030」を引数で渡しているので、そのまま2030年の情報になりますが、月の場合は「3」を引数で渡しているにもかかわらず「Apr」つまり4月（April）を表しています。これは言語仕様上のルールなので、仕方がないのですが、Dateを使う場合は、気をつけるようにしましょう。

Date オブジェクトのメソッド

Dateオブジェクトには、次のような便利なメソッドが用意されています。

Data オブジェクトのメソッド

メソッド	説明
getFullYear()	年を取得する
getMonth()	月を取得する
getDate()	日を取得する

生成したDateオブジェクトに対してメソッドを呼び出すコードは以下のようになります。

リスト10-8 Dateオブジェクトのメソッド（date_methods.js）

```
const theDay = new Date(2030, 3, 9, 5, 20, 0);

console.log(theDay.getFullYear()); // ❶
console.log(theDay.getMonth());    // ❷
console.log(theDay.getDate());     // ❸
```

実行結果

```
2030 ————————— ❶
3 ——————————— ❷
9 ——————————— ❸
```

getMonth()の戻り値は3となっていますが、これも月を0〜11の範囲で表しているので、実際は4月を表していることに注意してください。

Column

月が0から始まる理由

getMonth()では、なぜ月が0から始まり、実際の数え方とずれているのでしょうか。JavaScriptを作ったBrendan Eich氏は「Javaの日付ライブラリを真似たから」と発言しています。JavaもJavaScriptと同じく、月は0から始まります。またC言語も同様です。0から始まる理由は諸説ありますが、英語圏では月の表記を1月、2月……と数字にするのではなく、Jan、Feb……とすることが多く、配列で表現する上では、インデックスと同じ0から始まる形の方が扱いやすかったため、といわれています。

```
const month = ['Jan', 'Feb'...];
cosole.log(month[0]); // 1月の表記を得るには0からの方が都合がよい
```

ちなみに最近のプログラミング言語では1から始まるものが多いです。

第10章 標準組み込みオブジェクト

日付をわかりやすく表示する

Dateオブジェクトで日付データを扱えることはわかりましたが、これだけでは表記がMon Apr 01 2030 GMT+0900のようになり不便です。実際に画面に日付を表示する場合は、2030年4月1日などとしたいですよね。このように日付データを整えるには、toLocaleString()やIntl.DateTimeFormat()などを使います。

どちらも使い方は似ており、次のコードで今日の日付を表示できます。

リスト10-9 今日の日付をわかりやすく表示する（show_date.js）

```
const today = new Date().toLocaleString('ja-JP', {
  dateStyle: 'long'
});
console.log(today); // ❶

const formatter = Intl.DateTimeFormat('ja-JP', {
  dateStyle: 'long'
});
const today = formatter.format(new Date());
console.log(today); // ❷
```

実行結果

```
2022年6月5日 ←─❶実行した日付によって変わる
2022年6月5日 ←─❷実行した日付によって変わる
```

toLocaleDateString()やIntl.DateTimeFormat()の引数で、日時のフォーマットを細かく指定できます。多くのオプションがあるため紙面での紹介は割愛しますが、リファレンスを見ながら実際に試してみてください。

• Intl.DateTimeFormat()コンストラクター（MDN Web Docs）

https://developer.mozilla.org/ja/docs/Web/JavaScript/Reference/
Global_Objects/Intl/DateTimeFormat/DateTimeFormat

第 11 章

HTML&CSS

Webアプリケーションを作る
にはHTMLとCSSという土台
が重要です。プログラミングと
異なり、文法はシンプルで覚え
やすいです。JavaScriptを活用
するためにもじっくり学んでい
きましょう。

11 ___ 1 Webページを作ってみよう

第3章から第10章までJavaScriptの基本文法を学びました。そこでさっそく JavaScriptを使ったWebアプリケーションを作っていきたいところなのですが、その前にこの章ではHTMLとCSSについて学んでいきます。特にHTMLはWebアプリケーションの重要な基盤です。本書ではHTMLのすべては解説できませんが、最低限の基礎レベルを解説します。しっかり身につけましょう。

▌HTML を書いてみる

まずは、簡単なWebページを作ってみましょう。Webページは<ruby>HTML<rt>エイチティーエムエル</rt></ruby>という言語で作られています。さっそくHTMLを書いていきましょう。今まではChromeのコンソール上でJavaScriptのコードを書いていましたが、今回はファイルに書いて保存しながら実行していきます。

ファイルを保存する場所ですが、本書ではわかりやすさのためにデスクトップ上にフォルダを作成してその中で作業をしていきます。もちろん他の場所でも構いません。まずはデスクトップに「JavaScript」という名前のフォルダを作成します。

保存場所を準備する

次にVisual Studio Codeを起動して「ファイル」→「フォルダーを開く」を選択し、デスクトップに作成した「JavaScript」フォルダを開きます。

　以降はVisual Studio Code上でファイルを作成したり編集するようにします。

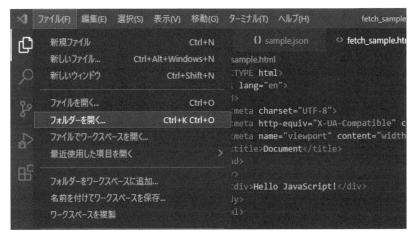

「ファイル」→「フォルダーを開く」

「JavaScript」フォルダを開く

続いて、現在の章に合わせて「11」というフォルダを作成し、章ごとにファイルを分けて管理できるようにしておきます。最後に「11」フォルダ内に「index.html」と名前をつけたファイルを新規作成し、下記内容を書いて保存をしてください。

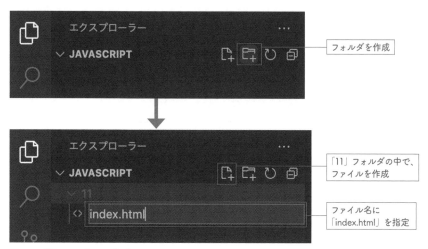

フォルダとファイルの作成

リスト11-1　index.html

```
<!DOCTYPE html>
<html>
  <head>
    <meta charset="utf-8">
  </head>
  <body>
    <p>こんにちは</p>
  </body>
</html>
```

次に保存した「index.html」をブラウザで開きます。ブラウザにファイル自体をドラッグ＆ドロップしてもよいですし、ダブルクリックで開いてもよいです。ブラウザで開くと以下のような画面が表示されるはずです。

こんにちは

Web ページの画面

　簡素ではありますが、無事にWebページができました。ブラウザはファイルに書かれているHTMLを読み取り、ユーザに伝わるように描画をしてくれます。開発者は表現したいWebページをHTMLを使って構築していくことになります。

▍見た目を CSS で装飾してみる

　先ほど作ったWebページですが、このままでは素っ気ない見た目です。次は見た目を装飾してみましょう。Webページの装飾には CSS（シーエスエス）という言語を使います。先ほど作ったファイルに以下のようにコードを追記してください。

リスト11-2　　Webページを装飾する（index_add_style.html）

```
<!DOCTYPE html>
<html>
  <head>
    <meta charset="utf-8">
    <!-- ここから追加 -->
    <style>
      p {
        color: red;
        font-size: 24px;
      }
    </style>
    <!-- ここまで -->
  </head>
  <body>
    <p>こんにちは</p>
  </body>
</html>
```

HTMLではコード中のコメントを<!-- 〜 -->と記述します。この後のコードでも登場するので覚えておきましょう

　ブラウザを再読み込みすると、実際の画面上では文字が赤色になり、大きくなります。

こんにちは

文字に色がつき、大きくなる

　このようにCSSを使うとWebページを装飾しデザインを作ることができるようになります。

インデントについて

HTMLやCSSはJavaScriptと同じように、コード中のインデント自体には意味がありません。改行も同様です。しかし、HTMLやCSSは階層構造になっているため、親子関係を視認しやすくするためにインデントを入れた方が管理がしやすいです。Visual Studio Codeなどプログラミング向けのエディタであれば自動でインデントを入れてくれるのでぜひ利用してみてください。

ちなみにインデントは、半角スペースもしくはタブコードのどちらを使っても構いません。また半角スペースを使う場合も、その数は2個や4個など自由です。言語によって流派が分かれていることもあります。本書ではHTML・CSS・JavaScriptでよく使われる半角スペース2個のインデントに統一して進めます。

HTML と CSS と JavaScript の関係

HTML・CSS・JavaScriptは3つとも言語ですが、役割の異なる言語です。

- HTML：マークアップ言語
- CSS：スタイルシート言語
- JavaScript：プログラミング言語

HTML・CSS・JavaScript の役割

　HTMLで文書や画像などのページの骨格であるコンテンツを構築します。CSSは骨格に対して洋服を着せたりする見た目の装飾を行います。そしてJavaScriptは人が動いたりするようにコンテンツへ動的な振る舞いを定義します。

HTML がなぜ必要なのか

　HTMLとはHyper Text Markup Languageの略称で、一言でいうと文書を構造化するための言語です。文書といっても見出しや段落、箇条書きなど、いろいろな構造があります。これらの文書構造を表現するのがHTMLです。
　HTML自体の解説の前に、なぜHTMLがWebページを作るのに必要なのかを説明します。HTMLの反対の意味合いでよく使われる言葉でPlainText（プレーンテキスト）というものがあります。これは例えばメモ帳アプリで書いているようなテキストを指します。HTMLと比較してみましょう。

```
HTML
<h1>これは見出しです</h1>
<p>これは段落です。</p>
<ul>
    <li>これは箇条書きです</li>
    <li>これは箇条書きです</li>
</ul>
```

```
PlainText
■これは見出しです
これは段落です。
・これは箇条書きです
・これは箇条書きです
```

< >で囲まれているものがタグと呼ばれるHTMLの構文です。同じような文書でも、HTMLはブラウザが文書の構造を理解できるように決まったルールで記述されているのに対し、PlainTextは記号で装飾されています。しかし、その意味は書いた人にしかわかりません。

つまり、HTMLとはブラウザに文書の構造を理解してもらうための言語ということです。そしてこの文書構造があることで、見た目の装飾や動的な挙動をCSS・JavaScriptで操作しやすくなるのです。

Check Test

Q1 HTMLとCSS、JavaScriptの役割を説明してください。

Q2 HTMLはPlainTextと何が違うのかを説明してください。

⟨11⟩ _2_ HTMLの書き方

┃タグ

- -

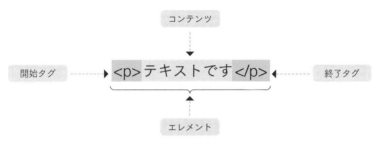

HTML の要素

　＜　＞の部分を**タグ**（tag）と呼びます。タグは基本的には開始タグと終了タグの組み合わせになっています。

　タグはあらかじめ決められたものが数十種類ほどあります。例で使っている`<p>`は段落を意味するparagraphの頭文字です。この開始タグから終了タグまでの1つの塊のことを**要素**（element）と呼びます。

　また、タグの中に別のタグを入れ子で書くこともできます。

```
<div><p>テキストです</p></div>
```

　このときに複数のタグの開始タグと終了タグを交差して表現してはいけない点に注意してください。以下は`<div>`タグの中に`<p>`タグがありますが、`</p>`で閉じる前に`</div>`が閉じて交差しています。これでは階層構造が壊れてしまっています。

```
<div><p>テキストです</div></p>
```

● タグを書くときの注意点

　HTMLのタグを書く際には注意点があります。まず、タグはすべて半角文字で書く必要があります。そして、大文字小文字は区別はされませんが、一般的には小文字で書きます。また、<の後にスペースは入れられません。

> ○ <div> ← 正しい
> ✕ ＜ｄｉｖ＞ ← 全角文字はだめ
> ✕ < div> ← 最初にスペースを入れるのはだめ

タグを書くときは
ルールに注意!

HTML タグの注意点

空要素

　先ほどタグは基本的には開始タグと終了タグの組み合わせと解説しました。しかし中には、終了タグを持たない**空要素**と呼ばれるタグもあります。空要素は入れ子で別のタグを持つことができない性質のため、終了タグがありません。

- **<img>**：画像を表現するタグ
- **
**：改行を表現するタグ
- **<hr>**：区切り線を表現するタグ
- **<input>**：入力欄を表現するタグ

```
<p>
  テキストです。
  <br> ←──── この位置で改行される
  改行されました。
</p>
```

属性

　また、要素には**属性**を設定することができます。属性とは、要素に対して様々な情報を設定することができる機能です。開始タグの中に**属性名="値"**のように、属性名と値を＝イコールで組み合わせた書き方をします。また、値はダブルクォーテーション（"）か、シングルクォーテーション（'）で囲みます。一般的にはダブルクォーテーションが使われることが多いです。

```
<p 属性名="値">コンテンツ</p>
```

　属性は複数つけることもできます。その際には属性名同士をスペースで開ける必要があります。

```
<p 属性名1="値" 属性名2="値">コンテンツ</p>
```

　属性は様々な種類があります。すべてのタグで共通して使えるものもあれば、特定のタグでのみ使える属性もあります。例えば、リンクを表現する<a>タグは、リンクの飛び先を指定するためにhrefという属性が使えます。ブラウザは、href属性で指定されている値を読み取ります。例えば、次の例ではクリックしたらnext.htmlにページ遷移をします。

```
<a href="next.html">次のページへ</a>
```

id ／ class 属性

　属性には様々な種類がありますが、CSSとJavaScriptにとって重要な属性がidとclassです。この属性は要素に任意の名前をつけることができます。なぜ名前をつけるのかというと、要素を特定しやすくするためです。要素を特定できなければCSSやJavaScriptで要素を操作することが難しくなります。

名前がないと…　　　　　　　　　　　名前があれば

同じ \<p\> 要素なので特定ができない　　　　名前で特定ができる

名前をつけて特定しやすくする

idとclassの違いは以下のようなものがあります。

- idはページの中に同じ名前のidは存在してはいけない
- classはページの中に同じ名前のclassがいくつあっても問題ない
- idは要素に対して1個のみ指定可能
- classは要素に対して複数指定可能（半角スペースで区切る）

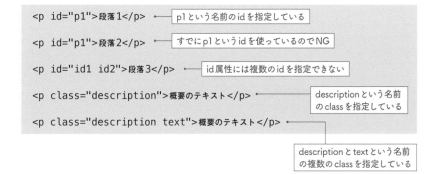

HTMLのバージョン

HTMLは1990年から始まり、様々な進化をしていく過程の中でバージョンが変わっています。

- HTML 1：1993年 最初のHTML仕様書が発表
- HTML 2.0：1995年 フォームやテーブルなどの機能を拡張した仕様が発表
- HTML 3.0：策定は行われたが途中でキャンセルされた
- HTML 4.0：1997年 策定後XHTMLへと発展したがXHTMLは現在では開発が中止されている
- HTML 5：2014年 ブログやマルチメディア向けの機能を拡張した仕様が発表
- HTML Living Standard：現在の最新HTML。以降はバージョニングをせずこの名称で統一されている

HTMLのバージョンはDoctypeというタグで指定することができますが、現在ではバージョン指定する意味はないため<!DOCTYPE html>というシンプルな宣言だけになっています。Doctypeは省略することもできますが、省略するとHTMLやCSSが昔の仕様で動くモードにブラウザが切り替わってしまうため指定することが推奨されています。

また、HTMLの仕様を策定していたのは当初W3Cという団体でしたが、紆余曲折あり現在はWHATWGというAppleやGoogleなどのブラウザベンダーが中心の団体が活動するようになっています。

Check Test

Q1 タグは特定の記号で囲まれて表現されます。何の記号ですか？

Q2 空要素の特徴は何ですか？

11 __3 主要なHTMLタグ

HTMLの骨格を作る

Webページを作る際に必須になるのが、HTMLの骨格を作る<html>、<head>、<body>という3つのタグです。

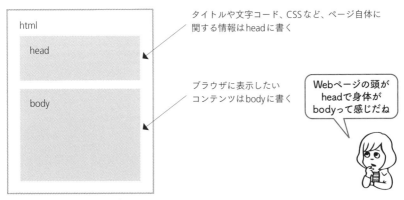

タイトルや文字コード、CSSなど、ページ自体に関する情報はheadに書く

ブラウザに表示したいコンテンツはbodyに書く

Webページの頭がheadで身体がbodyって感じだね

HTMLの骨格を作るタグ

実際のコードは下のようになります。これを元に、3つの必須タグと付随するいくつかのタグを紹介します。

```
<!DOCTYPE html>
<html>
  <head>
    <meta charset="utf-8">
    <title>ページタイトル</title>
  </head>
  <body>
    <p>コンテンツ</p>
  </body>
</html>
```

<html>

<html>はHTMLであることを示すためのタグで、全体を囲んで使います。

<head>

<head>はブラウザ上には直接表現されませんが、ブラウザに伝える様々な情報、例えばページタイトルや利用している文字コードなどを記述します。

<meta charset="utf-8">

HTMLファイルの文字コードがUTF-8であることをブラウザに伝えるタグです。この指定と実際の文字コードが異なると文字化けしてしまいます。文字コードについてはコラムを参照してください。

<title>ページタイトル</title>

Webページのタイトルを表現するタグです。ブラウザのタブに表示されます。

<body>

<body>は実際にブラウザに表示されるコンテンツを囲むタグです。

これらが最低限のHTMLの構造です。ここから<body>タグの中に様々なタグを使ってコンテンツを表現していきます。

C o l u m n

文字コードについて

<head>タグの中に<meta charset="utf-8">という記述があります。これはHTMLファイルの文字コードがUTF-8ですとブラウザに伝えるための記述です。人間には同じように見える文字も、裏側では様々な形式のデータで表現されるため、コンピューターにあらかじめどの形式なのかを伝える必要があります。UTF-8というのは複数ある形式の中の1つです。

この文字コードは世界の様々な言語に対応するために様々な種類があります。日本語ではShift_JISやEUC-JPなどが使われていましたが、現在ではUTF-8が使われることがほとんどです。

エディタによっては文字コードを設定することができるものがあります。現在のWindowsやmacOSであればエディタは標準でUTF-8になっているはずです。もしブラウザで表示した際に文字化けしてしまっている場合は、エディタの設定を見直してみてください。

主要なタグ一覧

その他の主要なタグ

タグ	概要
h1、h2、h3、h4、h5、h6	見出しを表現するタグです。hはheadlineの頭文字です。見出しのレベルに応じて1から6まであります。1が一番大きな見出しで、数字が大きくなるにつれて小さな見出しになります
p	段落を表現するタグです。pはparagraphの頭文字です。文章を表現するときによく使われます
strong、em	文字を強調するタグです
img	画像を表示するタグです。src属性で画像ファイルのURLを指定します
div、span	タグ自体に意味はありません。複数のタグをまとめたり、CSSやJavaScriptで操作しやすくするためによく使われます
ul、ol、li	箇条書きを表現するタグです。ulやolで全体を囲み、liで項目を表現します
table、tr、td	表組みを表現するタグです

リンクを作る

HTMLではハイパーリンクと呼ばれる、Webページ同士を関連づけるための機能があります。リンクは<a>タグを使います。href属性にURLを指定することでページ遷移ができます。

ページ遷移

```
<a href="URLの指定">クリック可能なテキスト</a>
```

HTMLファイルを作ってページ遷移を試してみましょう。link.htmlという名前のファイルを新規作成しHTMLのコードを書きます。ブラウザで開くとGoogleに遷移するリンクが表示されます。

リスト11-3　link.html

```
<!DOCTYPE html>
<html>
  <head>
    <meta charset="utf-8">
  </head>
  <body>
    <a href="https://www.google.co.jp/">Googleへ遷移する</a>
  </body>
</html>
```

またtarget属性に_blankを指定すると、リンク先を別ウインドウで開くこともできます。

```
<a href="https://www.google.co.jp/" target="_blank">新しいウインドウで開く</a>
```

絶対URLと相対URL

URLの書き方には大きく分けて<ruby>絶対URL<rt>ぜったい ユーアールエル</rt></ruby>と<ruby>相対URL<rt>そうたい ユーアールエル</rt></ruby>の2つがあります。

- 絶対URL：httpsや/などから始まる
  - https://www.example.com/sample
  - /sample

- 相対URL：./から始まる
  - ./sample

絶対URLは場所を示す情報が完全に含まれているのに対し、相対URLは現在位置から相対的に見た場所の情報だけになります。

絶対URL

Aさんの家

〒000-0000
東京都△△区○○1-2-3

住所情報が完全に揃っている

相対URL

Aさんの家　Bさんの家

Bさんの家の
左隣の家

位置情報が相対的になっている

絶対URLと相対URLの違い

絶対URLと相対URLのどちらを使えばよいかというと、どちらを使っても構いません。ただ、基本的には相対URLの方が柔軟性があり、よく使われます。URLの文字列の長さが短くなるだけでなく、ドメイン（www.example.comの部分）が変更になったとしても、相対URLの場合は変更せずにそのまま使えます。

　ただし、完全な情報が入っている絶対URLの記述がシンプルなのに対し、相対URLは記述が複雑なので少し慣れが必要です。例えば以下のようなディレクトリ構造になっているWebサイトがあるとします。

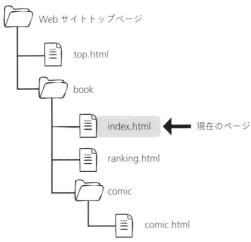

Webサイトのディレクトリ構造（例）

　現在参照しているページがindex.htmlであるとしたときに、各ページへの相対URLは以下のようになります。

リンク先と相対パス

リンク先	相対パスの記述
top.html	`../top.html`
ranking.html	`./ranking.html` もしくは `ranking.html`
comic.html	`./comic/comic.html`

自身の位置はドット1つ（.）で表現します。ディレクトリの区切りはスラッシュ（/）で表現します。自身より上の階層はドットを2つ（..）で表現します。.や/などが省略されている場合は、同じ階層にあることを意味します。つまり`./ranking.html`と`ranking.html`は同じ意味になります。

画像を表示する

HTMLではテキスト情報だけでなく画像などのメディアコンテンツを表現することもできます。画像を表示するには`<img>`タグを使います。`<img>`は空要素なので閉じタグはありません。

```
<img src="画像ファイルのURL">
```

画像ファイルのURLはリンクと同じで、絶対URLもしくは相対URLを指定します。また、ブラウザによって表示できる画像ファイルの形式は様々ですが、基本的にはJPEG、PNG、GIF、WebP形式が利用されます。画像の特性によって適切なファイル形式があります。

画像を表示するWebページを作成してみましょう。サンプル画像を用意しているので、それを利用するか、他の画像ファイルを使ってもらっても構いません。まずはHTMLファイルを「img.html」という名前で新規作成します。そして同じフォルダ内に画像ファイルを配置します。今回はサンプル画像の「sample.jpg」ファイルとします。

リスト11-4 img.html

```
<!DOCTYPE html>
<html>
  <head>
    <meta charset="utf-8">
  </head>
  <body>
    <img src="./sample.jpg">
  </body>
</html>
```

img.htmlをブラウザで開くと、画像（sample.jpg）が表示されます。

実行結果

フォームを作る

　ユーザの入力を受け付けるフォームをHTMLで作ることができます。ただし、入力したデータを受け取るためにはサーバとサーバで動くプログラムが必要になります。今回はJavaScriptでフォーム要素を操作するために必要な機能の解説に留めます。

フォームで情報を受け渡す

　フォームは複数のタグで構成されており、大きく3つの種類に分かれます。フォーム全体を表現する<form>タグと、入力欄を表現する<input>や<select>、<textarea>タグ、そしてフォーム送信を行う<button>タグです。

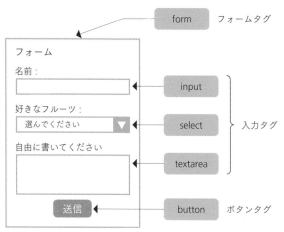

フォームの構成要素

　それでは実際にフォームを作ってみましょう。以下の内容で「form.html」という名前のHTMLファイルを作成しブラウザで開いてください。

リスト11-5 form.html

```html
<!DOCTYPE html>
<html>
  <head>
    <meta charset="utf-8">
  </head>
  <body>
    <form action="./form.html" method="POST">
      <div>
        名前
        <input type="text" name="name">
      </div>

      <div>
        朝ごはんは何派？
        <input type="radio" name="breakfast" value="ご飯">ご飯派
        <input type="radio" name="breakfast" value="パン">パン派
```

```
        </div>

        <div>
          好きな食べ物
          <input type="checkbox" name="food[]" value="お寿司">お寿司
          <input type="checkbox" name="food[]" value="ラーメン">⏎
ラーメン
          <input type="checkbox" name="food[]" ⏎
value="カレーライス">カレーライス
        </div>

        <div>
          好きなフルーツ
          <select name="fruit">
            <option value="りんご">りんご</option>
            <option value="みかん">みかん</option>
            <option value="バナナ">バナナ</option>
          </select>
        </div>

        <button type="submit">送信する</button>
      </form>
    </body>
</html>
```

実行結果

名前 ⬚
朝ごはんは何派？ ○ご飯派 ○パン派
好きな食べ物 □お寿司 □ラーメン □カレーライス
好きなフルーツ りんご ⌄
送信する

◐ <form>タグ

フォームは<form>タグで囲みます。action属性にフォームに入力された
データを送る先のURLを指定します。これはサーバで動くプログラムの場所
に当たります。またmethod属性でフォームデータの送信方法を指定します。
基本的にはPOSTを指定します。

<input>タグ

<input>タグでは type 属性を使って入力欄のタイプを変更することができます。タイプには次のようなものがあります。

- text：1行のテキスト入力欄
- radio：択一選択のラジオボタン
- checkbox：複数選択のチェックボックス

また name 属性でサーバに送信する項目名を自由に設定することができます。name 属性はサーバで動くプログラムを作るときに必要になるものです。

<button>タグ

<button>タグはボタンを表現できます。type 属性でボタンの挙動を変更でき、次のような種類があります。

- submit：フォーム内容を送信する
- reset：フォーム内容をリセットする
- button：押しても何もしない、ただのボタン

フォームを使った JavaScript の操作方法は第14章で紹介します。

Check Test

Q1 ブラウザ上で表示したいコンテンツは、どのタグの中に書きますか?

Q2 相対URLで間違った説明はどれですか?

Ⓐ ./index.htmlは同じディレクトリ階層のファイル

Ⓑ ../index.htmlは1つ上のディレクトリ階層のファイル

Ⓒ index.htmlは一番上のディレクトリ階層のファイル

---

4 CSSの書き方

CSSというのはCascading Style Sheetsの略称です。スタイルシート言語と呼ばれます。スタイルシートとは、HTMLで構造化された文書の装飾を制御するための仕組みのことです。Webページの見映えをよくするために必要になります。

CSS を書く場所

CSSの書き方には、HTMLファイルの中に<style>タグを使って直接書く方法と、別ファイルに記述しHTMLの中で読み込む方法の2つがあります。

◐ <style>タグを使ってHTML内で書く

<style>タグを使うとHTMLの中でCSSを書くことができます。1つのファイルの中で書くことができるので手軽です。<style>タグは<head>タグの中に置く必要があり、<style>タグの中にCSSを記述します。

リスト11-6 HTMLの中でCSSを書く（css_style.html）

```
<!DOCTYPE html>
<html>
  <head>
    <meta charset="utf-8">
    <style>
    div {
      font-size: 32px;
    }
    </style>
  </head>
  <body>
    <div>テキスト</div>
  </body>
</html>
```

<link>タグで外部ファイルを読み込む

<style>タグを使う方法は手軽ですが、複数のHTMLファイルを使う場合、同じようなCSS記述が重複してしまうため、CSSを別ファイルに切り出して共通化し、HTMLから読み込む方法がよく使われます。

読み込むには<link>タグを<head>タグの中で使います。rel属性にstylesheetを指定し、href属性にCSSファイルへのURLを指定することで読み込めます。なお<link>タグは閉じタグのない空要素です。

リスト11-7 <link>タグでCSSファイルを読み込む（css_link.html）

```
<!DOCTYPE html>
<html>
  <head>
    <meta charset="utf-8">
    <link rel="stylesheet" href="./style.css">
  </head>
  <body>
    <div>テキスト</div>
  </body>
</html>
```

新しくstyle.cssという名前でCSSファイルを作成します。CSSファイルの場合は<style>タグの記述は必要ありません。

リスト11-8 style.css

```
div {
  font-size: 32px;
}
```

CSS の構文

CSSの構文は、以下のようにCSSセレクタ、プロパティ、値の3つで構成されています。

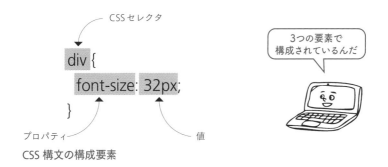

CSS 構文の構成要素

　上の図のCSSは<div>タグのフォントサイズを32pxにするという指定です。
　細かく中身を見ていきましょう。まずCSSセレクタで装飾をする対象の要素
を指定し、波括弧（{}）で装飾の定義を囲みます。装飾の定義はプロパティ
と値の組み合わせで表現します。コロン（:）でプロパティと値を区切り、セ
ミコロン（;）で定義の終了を表現します。これらは半角文字である必要があ
ります。また、プロパティは波括弧の中で複数指定できます。

> 構文 | CSSの書き方

```
CSSセレクタ {
  プロパティ名: 値;
}
```

　具体的には以下のように書きます。これは<div>タグを対象に、フォント
サイズを32pxにし、文字色を赤にするという指定です。

```
div {
  font-size: 32px;
  color: red;
}
```

　改行は必ずしも必要ではありませんが、可読性のために1プロパティ1行で
書く方がよいでしょう。

　　　　　　　　　　　4　CSSの書き方

CSS プロパティ

CSSのプロパティについて代表的なものをいくつか紹介します。

CSS のプロパティ

プロパティ	例	効果
margin	margin: 10px; margin: 5px 10px 5px 10px;	要素の外側の余白、上下左右を一括で指定可能。上右下左の順にスペース区切りで個別指定も可能
padding	padding: 10px; padding: 5px 10px 5px 10px;	要素の内側の余白、marginと同様に上下左右を指定可能
font-size	font-size: 24px;	テキストの大きさ
color	color: red; color: #ff0000;	テキストの色。色の名前やRGBのカラーコードで指定
background-color	background-color: pink; background-color: #eeeeee;	要素の背景色。色の名前やRGBのカラーコードで指定
font-weight	font-weight: bold;	テキストの太字設定
line-height	line-height: 1.6;	行間の高さ
text-align	text-align: center; text-align: right;	テキストの左寄せ・真ん中・右寄せの指定
width	width: 300px;	要素の幅
height	height: 250px;	要素の高さ

　CSSプロパティは本書では紹介しきれないほどたくさんあります。詳しくはMDNのCSSリファレンスページを参照してください。

・MDN CSS リファレンス

https://developer.mozilla.org/ja/docs/Web/CSS/Reference

CSS セレクタ

　CSSセレクタを指定することで、どの要素を装飾するかの対象を定義することができます。CSSセレクタは様々な書き方ができますが、ここではよく使われる代表的な記述を紹介します。

　CSSセレクタの挙動を確認するために、新しく「css_selector.html」という名前でHTMLファイルを作成します。以降で解説するCSSセレクタを<style>タグの中に書いて実際に動かしてみてください。

リスト11-9　css_selector.html

```
<!DOCTYPE html>
<html>
  <head>
    <meta charset="utf-8">
    <style>
    </style>
  </head>
  <body>
    <div>div テキストです</div>
    <div id="sample">
      sample IDのdivテキストです
    </div>
    <div class="sample">
      sample classのdivテキストです。
    </div>
    <p class="sample">
      sample classのpテキストです。
    </p>
  </body>
</html>
```

実行結果

```
div テキストです
sample ID の div テキストです
sample class の div テキストです。

sample class の p テキストです。
```

要素セレクタ

タグの名前自体を指定します。HTML中に存在する要素の中で、一致するものすべてが対象になります。

構文 要素セレクタ

```
タグの名前 { ... }
```

「css_selector.html」の`<style>`タグに以下のように書いてブラウザを再読み込みしてください。

```
<style>
div {
  font-size: 32px;
}
</style>
```

実行結果

div テキストです
sample ID の div テキストです
sample class の div テキストです。

sample class の p テキストです。

すべての`<div>`要素のフォントサイズが大きくなっているのが確認できます。

IDセレクタ

タグのid属性をシャープ（#）に続けて指定します。指定したid名に一致する要素が対象になります。原則としてid名はHTMLの中で一意であるので、必然的に1つの要素にのみCSSが適用されます。

```
#id名 { ... }
```

```
<style>
#sample {
  font-size: 32px;
}
</style>
```

div テキストです

sample ID の div テキストです

sample class の div テキストです。

sample class の p テキストです。

● class セレクタ

タグのclass属性をドット（.）に続けて指定します。指定したclass名に一致する要素すべてが対象となります。

```
.class名 { ... }
```

```
<style>
.sample {
  font-size: 32px;
}
</style>
```

実行結果

div テキストです
sample ID の div テキストです

sample class の div テキストです。

sample class の p テキストです。

　CSSセレクタは本書で紹介したもの以外にもたくさんあります。より詳しく学びたい場合は、MDNのCSSセレクタリファレンスを参照してください。

• MDN CSS セレクタリファレンス

https://developer.mozilla.org/ja/docs/Learn/CSS/Building_blocks/Selectors

　CSSを理解することはWebアプリケーションを作る上で非常に重要です。習得するには時間がかかりますが、ぜひいろいろなサイトデザインを自分で再現するなどのトライをしてマスターを目指してみてください。

Check Test

Q1 CSSをHTMLの中で書く場合、どのタグの中に書きますか?

Q2 すべての<div>要素のフォントサイズを32pxにするCSSを書いてください。

Q3 id属性がfoo要素の文字色をredにするCSSを書いてください。

Q4 class属性がbar要素すべてのフォントサイズを32px、文字色をredにするCSSを書いてください。

11 ___ 5 HTMLの中で JavaScriptを使う

Webアプリケーションを作るにはHTMLの中にJavaScriptを記述する必要があり、その方法には大きく2つの種類があります。

- <script>タグの中に直接コードを書く
- <script>タグで別のJavaScriptファイルを読み込む

どちらも<script>タグを使うことに変わりはありませんが、以下のように使い方が異なります。

◐ <script>タグの中に書く

以下の例は<script>タグの中に直接JavaScriptコードを書くスタイルです。短いコードの場合に使われます。<script>タグは<head>と<body>のどちらの中に書いても問題ありません。

リスト11-10 HTMLの中にJavaScriptを書く（js_inline.html）

```
<!DOCTYPE html>
<html>
  <head>
    <meta charset="utf-8">
  </head>
  <body>
    <script>
      alert('直接コードを書く方法');  ←  画面にアラートを表示させる
                                        JavaScriptコード
    </script>
  </body>
</html>
```

◐ 外部ファイルを読み込む

以下の例は<script>タグで別のJavaScriptファイル（この例ではsample.js）を読み込むスタイルです。基本的にはこのように別のJavaScriptファイル

で書くことが多いです。ただし本書ではわかりやすさのために前述した
`<script>`タグの中に直接コードを書くスタイルで解説します。

リスト11-11 `<script>`タグでJavaScriptファイルを読み込む（js_src.html）

```
<!DOCTYPE html>
<html>
  <head>
    <meta charset="utf-8">
  </head>
  <body>
    <script src="./sample.js"></script>
  </body>
</html>
```

リスト11-12 sample.js

```
alert('別ファイルにコードを書く方法');
```

● JavaScriptを書く場所

　`<script>`タグは書く場所によって挙動が変わる点に注意が必要です。ブ
ラウザはHTMLファイルを上から1行ずつ読み込んで実行していきます。その
ためJavaScriptが先に読み込まれたときに、JavaScriptの中にHTMLタグに依
存するような記述があった場合にはエラーになってしまいます。そのため、
`<script>`タグを書く場所は`</body>`の閉じタグ直前に書くのが推奨されて
います。

非推奨：ブラウザが`<div>`を読む前にJavaScriptが実行される

```
<!DOCTYPE html>
<html>
  <head>
    <meta charset="utf-8">
  </head>
  <body>
    <script src="./sample.js"></script> ← JavaScriptが読み込まれる位置
    <div>...</div>
  </body>
</html>
```

```
<!DOCTYPE html>
<html>
  <head>
    <meta charset="utf-8">
  </head>
  <body>
    <div>...</div>
    <script src="./sample.js"></script>  ←——[ JavaScriptが読み込まれる位置 ]
  </body>
</html>
```

　また、**DOMContentLoaded**というイベントを使えば、ブラウザがHTML
をすべて読み込んだときにJavaScriptを実行させることもできます（イベント
は第14章で解説します）。こうすることで、**<script>**タグとJavaScriptコー
ドを書く場所を気にする必要がなくなります。

```
<!DOCTYPE html>
<html>
  <head>
    <meta charset="utf-8">
  </head>
  <body>
    <script>
    document.addEventListener('DOMContentLoaded', function() {
      // ここにJavaScriptのコードを書く
      // このコード部分は、HTML全体が読み込まれてから実行される
    });
    </script>
    <div>...</div>
  </body>
</html>
```

Check Test

Q1 HTMLの中でJavaScriptを書くには、どのタグの中に書きますか？

第 **12** 章

ブラウザオブジェクト

ブラウザはアラート表示やウインドウ、URL 操作など Web アプリケーションを作る上で便利な機能を提供してくれます。解説を読むだけでは実感しにくい機能もあるためぜひ実際にコードを書いて体験しながら学んでいきましょう。

この章で学ぶこと

12 ___ 1 ブラウザオブジェクト

第3章から第10章まではJavaScriptの基本的な文法について学んできました。しかしJavaScriptの文法だけでは、Webアプリケーションを作ることはできません。そこで第12章ではWebアプリケーションを作る上で重要な**ブラウザオブジェクト**という機能について解説をします。

　ブラウザオブジェクトとは、ブラウザを使った様々な機能にアクセスするためのオブジェクト群のことです。例えばアラートを表示したり、ブラウザウインドウの大きさを取得したり、ページを再読み込みさせたりなどです。これらの機能をブラウザオブジェクトとしてブラウザが提供することでJavaScriptはWebページを操作することができます。

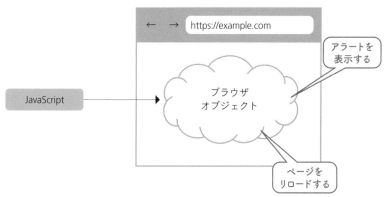

ブラウザオブジェクトを通じて、様々な機能を呼び出す

　ブラウザオブジェクトはWindowオブジェクトを頂点に、いくつかの機能に分かれた階層構造になっています。例えばLocationオブジェクトは閲覧しているURLの操作や閲覧履歴の情報を提供します。Screenオブジェクトはブラウザウインドウの大きさに関する操作を提供します。

ブラウザオブジェクトの階層図

　この章ではDocumentオブジェクトを除いた、代表的な機能群の使い方を解説します。DocumentオブジェクトはWebアプリケーション開発をする上で非常に重要なので、第13章で詳しく解説します。

ブラウザオブジェクトの使い方

　ブラウザオブジェクトをJavaScriptから使えるようにするために、ブラウザにはwindowというグローバルオブジェクトが用意されています。これが先ほどの階層図にあるWindowオブジェクトです。また、グローバルオブジェクトとは、どこからでも呼び出せる特別な変数のことです。そのためブラウザで利用するJavaScriptではwindowという名前の変数を作ることはできません。

　ブラウザオブジェクトの様々な機能はこのWindowオブジェクトに紐づいていて、例えばアラートを表示するalert()というメソッドがあります。この機能を使うにはwindowにドット（.）でつなげてalert()というメソッドを呼び出します。

　ブラウザのデベロッパーツールに以下のようにコードを入力してみてください。

リスト12-1　アラートを表示する（alert.js）

```
window.alert('アラートです');
```

　すると、このようにアラートが表示されます。

実行結果

```
localhost:63342 の内容

アラートです

                                    OK
```

```
> window.alert('アラートです');
```

　それでは、どのようなブラウザオブジェクトがあるのか、そしてどのような機能があるのか学んでいきましょう。

■ Check Test

Q1 ブラウザオブジェクトを使うには、何という名前のグローバルオブジェクトを使いますか?

Column

Console オブジェクト

今まで使ってきた console.log() もブラウザが提供している機能です。シンプルな使い方だけでなく、様々な機能があります。
例えば、カンマ区切りで複数の引数を渡すことができます。

```
console.log('1個目の引数', '2個目の引数');
```

他にも、文字列の前に「%c」をつけ、第二引数にCSSを渡すことで装飾を変更することもできます。

```
console.log('%c 大きい文字', 'font-size:24px');
```

12　2　Windowオブジェクトの機能

　ブラウザオブジェクトの階層のトップである Window オブジェクト自身にも
いくつかの機能があります。

アラートを表示する

　先ほど試しに実行したアラート表示機能です。

> 構文　alertメソッド
```
window.alert('表示したいテキスト');
```

　表示したいテキストをシングルクォーテーション（'）かダブルクォーテーショ
ン（"）で囲んで alert() メソッドに引数として渡すことでアラートを表示
することができます。

「window」は省略できる

　実は Window オブジェクトは、window の表記を特別に省略することができ
ます。実際にコードを書く場合には省略することが多いので、以降の解説でも
window を省略して解説します。

```
alert('windowを省略してもアラートを表示します');
```

確認ダイアログを表示する

次はユーザに確認を求めるダイアログを表示してみます。例えば、削除ボタンを押した際に削除処理を本当に続行してよいか、ユーザへ確認を求めるときに使います。通常のアラートは alert() でしたが、確認ダイアログは confirm() を使います。

リスト 12-2 ダイアログを表示する（confirm.js）

```
confirm('本当に削除してよいですか？');
```

デベロッパーツールのコンソールで実行すると「OK」「キャンセル」を選択できるダイアログが表示されます。

実行結果

localhost:63342 の内容

本当に削除してよいですか？

OK　　キャンセル

```
> confirm('本当に削除してよいですか？');
```

ユーザが「OK」と「キャンセル」のどちらを選択したのか、その結果は confirm() メソッドの戻り値として受け取れます。戻り値は boolean 型の true か false が返ってくるので if 条件式で利用することができます。以下のように result 変数で結果を受け取ります。「OK」なら true が「キャンセル」なら false が入ります。

選択式ダイアログを表示する（confirm_if.js）

```javascript
const result = confirm('本当に削除してよいですか？');
if (result) {
  // 削除する処理
  console.log('削除しました');
} else {
  console.log('キャンセルしました');
}
```

このとき、ユーザがボタンを押すまでJavaScriptの処理は止まることに気をつけてください。以下のコードの場合、処理Aはユーザがダイアログで回答するまでは実行されません。

```javascript
const result = confirm('本当に削除してよいですか？');
if (result) {
  console.log('削除しました');
} else {
  console.log('キャンセルしました');
}

console.log('ユーザが回答するまで実行されない'); // ← 処理A
```

指定した秒数後に実行する

setTimeout()を使うと、指定したミリ秒数が経過した後に任意の関数を実行することができます。

構文　setTimeoutで指定した秒数後に実行

```javascript
setTimeout(関数, ミリ秒数);
```

指定する秒数の単位はミリ秒なので、例えば1秒後に実行したい場合は1000と指定し、5秒後に実行したい場合は5000になります。

それでは実際にsetTimeout()を使ってみましょう。まずは実行したい関数の定義をします。実行するとconsole.log()で文字を出力するだけの単

純な関数です。この関数名を`setTimeout()`の第一引数に渡し、1秒後に実行させたいので1000を第二引数に渡します。

リスト12-4 1秒後に関数を実行する（set_timeout.js）

```javascript
function delayTask () {
  console.log('1秒後に実行する');
}

setTimeout(delayTask, 1000);
```

ブラウザのデベロッパーツールで実行すると、1秒後に文字が出力されます。

ここで注意しないといけないのは、`setTimeout()`に渡す関数は関数の名前でなくてはならない点です。

```javascript
function delayTask () {
  console.log('1秒後に実行する');
}

// これは1秒待たずに、すぐ実行される
setTimeout(delayTask(), 1000);
```

> 実行すると「Refused to evaluate a string…」と赤い文字が出ますが、本来と違う使い方をしている警告なので気にしないでください

リスト12-4は`setTimeout()`に関数の名前を渡しています。これが関数の名前ということです。2つ目の`setTimeout()`は関数名の後ろに`()`をつけているので、その場で1秒待たずに実行されてしまいます。

タイマーをキャンセルする

また、`setTimeout()`を実行すると数値が返ってきます。これは`setTimeout()`で作成されたタイマーを識別できるIDです。このIDを使うことで未来に実行するタイマーをキャンセルすることができます。

キャンセルするには`clearTimeout()`を使います。`setTimeout()`の戻り値を`clearTimeout()`に渡すと予約実行をキャンセルできます。

タイマーをキャンセルする（clear_timeout.js）

```javascript
function delayTask () {
  console.log('1秒後に実行する');
}

const timerId = setTimeout(delayTask, 5000);
clearTimeout(timerId);
```

これで、5秒後にdelayTask関数を実行する予定をキャンセルできます。

指定した秒数ごとに繰り返し実行する

setInterval()は指定した秒数ごとに、任意の処理を繰り返し実行することができます。使い方はsetTimeout()と同じで、処理したい関数名を第一引数で渡し、定期実行する間隔をミリ秒数で第二引数に渡します。

構文 | setIntervalで指定した秒数ごとに実行

```javascript
setInterval(関数, ミリ秒数);
```

setInterval()を設定すると、基本的にブラウザを閉じるまで処理が続きます。

リスト 12-6 1秒ごとに繰り返し関数を実行する（set_interval.js）

```javascript
function delayTask () {
  console.log('1秒ごとに繰り返し実行される');
}
setInterval(delayTask, 1000);
```

止めたい場合はclearInterval()を使います。clearTimeout()と同様にclearInterval()の引数には、setInterval()を実行した際に返されるタイマーのIDを渡します。

リスト **12-7**　繰り返しを停止する（clear_interval.js）

```
function delayTask () {
  console.log('1秒ごとに繰り返し実行される');
}
const timerId = setInterval(delayTask, 1000);
clearInterval(timerId);
```

ウインドウを開く

ブラウザのウインドウを操作する機能を解説します。ブラウザのデベロッパーツールに以下のコードを入力してください。

```
open();
```

open()を使うことで新しいウインドウあるいはタブが立ち上がります。引数にパラメータを指定することで、指定したURLを開いたり、ウインドウの大きさや表示位置を指定することもできます。

構文 | openでウインドウを開く

```
open(URL, ウインドウ名の指定, オプション);
```

次のコードは指定したURLのページを、横400px・縦250pxの大きさの新しいウインドウで開きます。実際に試してみましょう。

リスト **12-8**　ウインドウを開く（open.js）

```
open('https://example.com', 'window name', 'width=400,height=250');
```

第二引数ではウインドウの名前をつけることができますが、省略して空にすることも可能です。この名前は`<a>`や`<form>`タグの`target`属性で指定して使うことができます。

第三引数でウィンドウのオプションを指定することができます。カンマで区切ることで複数指定が可能です。

ウインドウのオプション

オプション	値	概要
width	ピクセル	ウインドウの幅を指定する
height	ピクセル	ウインドウの高さを指定する
left	ピクセル	ウインドウを表示する位置を画面左端からの距離で指定する
top	ピクセル	ウインドウを表示する位置を画面上端からの距離で指定する

オプション引数を指定すると、ウインドウはポップアップとして開きます。ポップアップになると、ブラウザの戻るボタンや進むボタンなどのメニューが非表示になります。オプション引数を指定しないと、通常のウインドウになり、現代のブラウザであれば基本的にはタブとして開かれます。

ウインドウを閉じる

ウインドウを閉じるにはclose()を使います。ただしclose()で閉じられるウインドウはopen()で開いたものに限定されます。通常のブラウザで開いたウインドウは閉じることができません。また、特殊なケースですが、ブラウザの最初に開かれる空のページでopen()したウインドウも閉じられません。open()の戻り値にウインドウのオブジェクトが返ってくるので、そのオブジェクトのclose()を呼び出すことで、開いたウインドウを閉じることができます。close()を実行する場所は、open()を実行したウインドウのデベロッパーツール上で行う必要があります。新しく開いたウインドウの方では閉じることはできません。

リスト12-9　ウインドウを閉じる（close.js）

```
// まず新しいウインドウを開く
const newWindow = open('https://example.com');

// 開いた後、close()を実行すると閉じる
newWindow.close();
```

Check Test

Q1　アラートを表示するJavaScriptコードを書いてください。

Q2　setTimeoutを使って1秒後にsample()関数を実行するコードで正しいものを選んでください。

Ⓐ `setTimeout(sample, 1000);`

Ⓑ `setTimeout(sample(), 1000);`

Ⓒ `setTimeout('sample', 1000);`

Ⓓ `setTimeout(sample, 1);`

Q3　open()メソッドを使って開いたウインドウを閉じるには、どんなメソッドを実行すればいいですか？

3 Location／History オブジェクト

　ブラウザオブジェクトには様々な機能があります。すべてを本書で解説することはできないので、代表的なLocationオブジェクトとHistoryオブジェクトの中から、よく使う機能だけを紹介します。より詳しく知りたい場合はMDNのリファレンスページを参照してください。

URL を操作する Location オブジェクト

　Locationオブジェクトを使うとURLを操作することができます。ブラウザで適当なWebサイト、例えばhttps://example.com/へアクセスしてください。そして、以下のコードをブラウザのデベロッパーツールのコンソールに入力してみましょう。現在、表示しているWebサイトのURLが表示されるはずです。なお**location**の先頭は小文字の「L」である点に注意してください。

```
console.log(location.href);
```

　URLを表示するだけでなく、URLを指定するなどの操作もできます。

リスト 12-10　URLを操作する（location.js）

```
// 現在のページを再読み込みする
location.reload();

// 指定のURLへ遷移する
location.href = 'https://www.google.co.jp/';
```

　URLの情報を取得するためのプロパティは**href**以外もあります。

```
              href
┌──────────────────────────────────────────┐
https://foo.example.com/foo/bar?foo=bar#foo
└───┬───┘ └─────┬─────┘ └───┬────┘└──┬──┘└─┬─┘
 protocol    hostname    pathname  search  hash
```

URL の情報を取得するプロパティ

URL の情報を取得するプロパティ

機能	概要
href	現在のURL全体を返します。またこの値を変更すると新しいページへ遷移します
protocol	URLのプロトコルを返します（例：https:、http:）
hostname	URLのホスト名を返します（例：example.com）
pathname	URLの / 以降のパスを返します（例：/foo/bar.html）
search	URLの ? 以降のパラメータを返します（例：?foo=bar）
hash	URLの # 以降のフラグメント識別子を返します（例：#foo）

閲覧履歴を操作する History オブジェクト

　閲覧履歴はHistoryオブジェクトで操作ができます。簡単にいうと、ブラウザの「戻る」「進む」と同じ操作をすることができます。

　適当なWebサイトをブラウザで開き、ページ遷移をしてから下記のコードをデベロッパーツールのコンソールで実行してみてください。ブラウザ操作をせずに「戻る」「進む」を実行できます。

閲覧履歴を操作する（history.js）

```
// 前のページに戻る
history.back();

// 次のページに進む
history.forward();
```

　また、前後のページ遷移だけでなく、指定ページ数分の履歴を移動することもできます。その場合はgo()メソッドを使います。引数にページ数を渡すことができます。

```
// 2ページ先へ進む
history.go(2);

// マイナスの数値を渡すと戻る
history.go(-2);
```

Check Test

Q1 https://www.example.com/ に遷移するJavaScriptコードを書いてください。

Q2 1ページ前に戻るJavaScriptのコードを書いてください。

Column

ブラウザオブジェクトと対応ブラウザ

ブラウザの種類はChromeやSafari、Firefox、Edgeなど様々ありますが、JavaScriptはブラウザによって挙動が異なることがあります。各ブラウザの内部には、JavaScriptのコードを解釈し実行するためのエンジンがあるのですが、このエンジンがブラウザによって異なるためです。

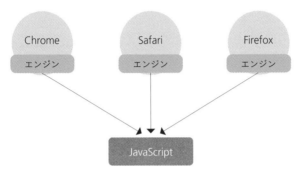

エンジンの違いで挙動が異なることがある

ブラウザによってエンジンが異なる

近年はJavaScript標準化の整備が進んでいるため、モダンブラウザといわれる比較的新しいブラウザであれば、たいてい同じ挙動になったり、同じ機能が利用できたりします。ただしJavaScriptは常に新しい機能や記法が提案されているため、対応に積極的なChromeは対応しているけれど、保守的なSafariはまだ対応をしていない……という状況もあります。

実際にWebアプリケーションを作る際には、使いたい機能がどのブラウザで対応しているかを確認する必要があります。手軽に調べるには「Can I use」（https://caniuse.com/）というWebサービスが便利です。機能やメソッドの名前を入力すると、どのブラウザのどのバージョンが対応しているのか、その状況を簡単に調べることができます。

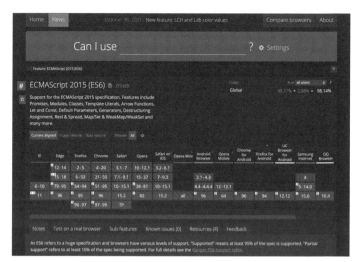

「Can I use」

3　Location ／ History オブジェクト

第 13 章

DOM

DOMはHTMLやCSSを操作する重要な機能です。HTMLタグの作成や更新、CSSの描画を変更することができます。Webアプリケーションを作るJavaScriptで最も登場する頻度が高い機能なので、ぜひ身につけましょう。

この章で学ぶこと

13 __ 1 DOMについて

第12章ではブラウザ固有の機能を使うブラウザオブジェクトについて学び
ました。この章では、Webアプリケーションを作るのに最も代表的なHTML
を操作する DOM（DocumentObject Model）を紹介します。ちなみにDOMは
「ドム」の他、「ドキュメントオブジェクト」とも呼びます。

第12章で解説したようにDOMもWindowオブジェクトの下に紐づいてい
ます。

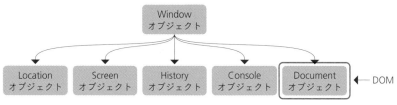

ブラウザオブジェクトの階層図における「DOM」

▌ DOM の役割

普段Webサイトを閲覧している際に、以下のような動きを体験したことはな
いでしょうか？　これらはDOMを使って実現されています。

- ボタンを押したら、ボタンのデザインが変わる
- ページをスクロールすると、途中で広告バナーが表示される
- 入力フォームで、内容を間違えると「正しく入力してください」とエラーが表示さ
  れる

DOMを使うことで、このように動的な表現力を手に入れることができます。
まずはDOMでどんなことができるのか、簡単なコード例を見てみましょう。

以下の内容でHTMLファイルを保存します。保存後、HTMLファイルをブラウザで開きます。

リスト 13-1 DOMの動作確認用のWebページ（sample.html）

```
<!DOCTYPE html>
<html>
  <head>
    <meta charset="utf-8">
  </head>
  <body>
    <div id="sample">オリジナルのテキストです</div>
  </body>
</html>
```

次にブラウザのデベロッパーツールのコンソールを開き、以下のコードを実行します。このコードで使っている各機能の詳しい使い方は後半で解説するので、まずはDOMがどのようなものなのか、コードを実際に動かして雰囲気をつかんでみてください。

リスト 13-2 DOMを使ってテキストを書き換える（sample.js）

```
const tag = window.document.querySelector('#sample');
tag.textContent = 'テキストを書き換えます';
```

このコードを実行すると「オリジナルのテキストです」と表示されていたものが「テキストを書き換えます」と変わったはずです。このようにHTML要素をJavaScriptから操作する機能を提供するのがDOMです。

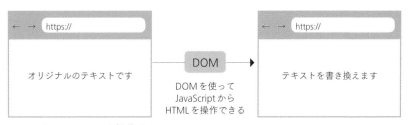

JavaScript で HTML を操作する

このように、DOMを一言で表すと「JavaScriptからHTMLを簡単に操作するための仕組み」ということになります。

DOMはWindowオブジェクト配下のDocumentオブジェクトなので、DOMに関するすべての機能は、`window.document`オブジェクトから呼び出して使います。また、他の機能と同様に`window`オブジェクトは省略可能なので、実際にコードを書く際には`window`を省略して`document`から書くことが多いです。具体的には、以下の2つのコードは同じ挙動になります。本書でも以降は`window`を省略して記載します。

```
window.document.querySelector('#foo');
document.querySelector('#foo');
```

同じ挙動になる

DOM はツリー構造

HTMLは要素の中に、別の要素を入れ子のように組み立てることができます。DOMはHTMLの文書構造をそのまま表現しているので、同様に要素同士が親子関係のようなツリー構造になっています。例として、下記のようなHTMLのツリー構造を見てみましょう。

リスト13-3 ツリー構造の例（dom_tree.html）

```html
<!DOCTYPE html>
<html>
  <head>
    <meta charset="utf-8">
    <title>ページのタイトル</title>
  </head>
  <body>
    <div>
      <p>テキストです。<strong>強調します。</strong></p>
      <p>他のテキストです。</p>
    </div>
  </body>
</html>
```

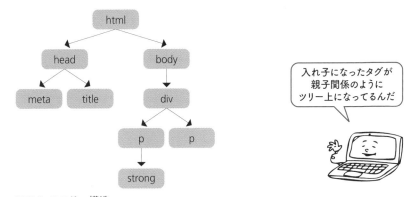

HTML のツリー構造

ノードの種類

　ツリーを構成している1つひとつのHTML要素を**ノード**と呼びます。ノードにはいくつかの種類があります。

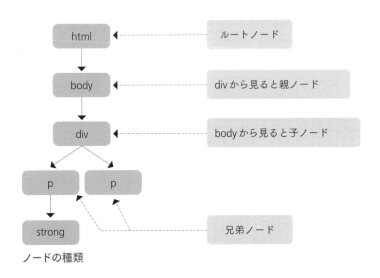

ノードの種類

先ほどの例だと`<html>`はルートノードです。ルートノードはHTMLの中にただ1つだけ存在します。つまり`<html>`が常にルートノードになります。

そして`<div>`は`<body>`の子ノードです。逆に`<body>`は`<div>`タグから見ると親ノードです。`<div>`の下に2つある`<p>`は兄弟ノードになります。このようにノード同士の関係は親子や兄弟というように表現されます。

■ Check Test

Q1 DOMの機能が使えるのは、何という名前のオブジェクトですか？

Q2 DOMの役割を一言でいうと何でしょうか？

Q3 DOMは○○構造という入れ子になっています。何構造でしょうか？

Column

不正なHTMLを書いたらどうなる？

DOMはツリー構造であると解説しましたが、ブラウザが解釈できないツリー構造が不正なHTMLを書いたらどうなるでしょうか。例えば以下のように閉じタグが交差してしまっているケースです。

```
<p>テキスト<strong>強調</p></strong>
```

実はブラウザには不正なHTMLであっても、ある程度、自動で補正するような機能が備わっています。上記の例は`<p>`**テキスト**`<strong>`**強調**`</strong></p>`と修正されます。ただし、これらはあくまでブラウザが行う調整であって結果がどうなるかは保証できません。正しいHTMLを書くように心がけましょう。「HTMLリンター」というツールを使うとHTMLが正しいかどうかをチェックしてくれるので活用してみてください。

---

2 要素を探す

特定要素を探す

　HTMLの要素を操作するには、まず操作対象となる要素を探す必要があります。ここでは要素を探すのに使える querySelector( ) というメソッドを紹介します。

> **構文** 特定の要素を探す
>
> ```
> document.querySelector(CSSセレクタ);
> ```

　querySelector( ) は引数に CSS セレクタを渡すと、それに一致する最初の要素を返します。CSS セレクタとは特定の要素に対してスタイルを適用するためのルールに基づいた記述です。詳しくは第11章を参照してください。

　引数で渡した CSS セレクタの条件に複数の要素がマッチした場合は、最初にマッチした要素が返ってきます。また、どの要素もマッチしない場合は null が返ってきます。

　それでは実際に使ってみます。下記の内容で HTML ファイルを保存しブラウザで開いてください。

> **リスト13-4** class 属性を持った要素がある Web ページ（queryselector.html）

```
<!DOCTYPE html>
<html>
  <head>
    <meta charset="utf-8">
  </head>
  <body>
    <div class="sample">class 属性が sample 1個目</div>
    <div class="sample">class 属性が sample 2個目</div>
    <div class="sample">class 属性が sample 3個目</div>
  </body>
</html>
```

次にブラウザのデベロッパーツールのコンソールから下記のコードを実行します。

リスト13-5 class属性がsampleの要素を探す（queryselector.js）

```
const element = document.querySelector('.sample');
console.log(element);
```

実行結果

```
<div class="sample">class属性がsample1個目</div>
```

このように`querySelector()`を使うことで任意のHTML要素を取得することができます。

すべての特定要素を探す

`querySelector()`は1つの要素しか取得できませんが、CSSセレクタにマッチするすべての要素を取得したい場合は`querySelectorAll()`を使います。使い方は`querySelector()`と同じで、引数にCSSセレクタを渡します。

構文 特定の要素をすべて探す

```
document.querySelectorAll(CSS セレクタ);
```

`querySelectorAll()`は複数のHTML要素を取得するため、戻り値はNodeListと呼ばれる特殊な配列形式のデータになります。どの要素もマッチしない場合は空のNodeListが返ってきます。

それでは実際に試してみましょう。先ほど作成した「queryselector.html」を開き、`class`属性が`sample`のすべての要素を取得してみます。NodeListは通常の配列と同じように`length`プロパティで配列内の数を調べることができます。

class属性がsampleの要素をすべて探す（queryselectorall.js）

```
const elements = document.querySelectorAll('.sample');
console.log(elements.length);
```

```
3
```

　配列のそれぞれの要素にアクセスするためには for...of を使ってループ処理をします。

要素それぞれにアクセスし、表示する（queryselectorall_for.js）

```
const elements = document.querySelectorAll('.sample');
for (const element of elements) {
  console.log(element); //<div>タグが順次出力される
}
```

```
<div class="sample">class 属性が sample 1個目</div>
<div class="sample">class 属性が sample 2個目</div>
<div class="sample">class 属性が sample 3個目</div>
```

　あるいは、配列のインデックスで直接アクセスすることもできます。

インデックスで要素を指定する（queryselectorall_index.js）

```
const elements = document.querySelectorAll('.sample');
console.log(elements[0]);
```

```
<div class="sample">class属性がsample1個目</div>
```

特定の要素を探す別の方法

querySelector()／querySelectorAll()以外にも、似たような
探索用のメソッドがgetElement〜から始まる名前で用意されています。

```
getElementById(ID名);
getElementsByClassName(クラス名);
getElementsByTagName(タグ名);
```

querySelector()と比較すると以下のようになります。

querySelector系とgetElement系の違い

	querySelector系	getElement系
特定のid要素を探す	querySelector('#foo')	getElementById('foo')
特定のclass要素をすべて探す	querySelectorAll('.foo')	getElementsByClassName('foo')
特定のタグ名をすべて探す	querySelectorAll('div')	getElementsByClassName('div')

このようにgetElement系のメソッドでも、querySelector系と同
じように特定のタグを探すことができます。どちらを使うべきか迷う
かもしれませんが、特別な意図がない限りはquerySelector()／
querySelectorAll()を使う方がよいケースが多いです。

getElement系は取得する要素の条件に応じてメソッドを使い分ける
必要がありますが、querySelector系は単体の要素が欲しいか、す
べての要素が欲しいかが異なるだけで、その他の条件を考慮する必要
がないためシンプルです。

getElement系を使うとよいのは、限定的ですが、ページの表示速度
の向上など、パフォーマンスを優先させたいときです。ブラウザによっ

ても異なりますが、2022年時点では querySelector 系よりも、get
Element 系の方が JavaScript の実行パフォーマンスが優れています。
おおよそ2倍程度の差があり、ページの表示速度に影響を与えます。
しかし、何百回も要素を探索するようなロジックでない限り体感するほ
どの差はないので、使いやすい querySelector() をおすすめします。

Check Test

リスト 13-9 check_test.html

```
<!DOCTYPE html>
<html>
  <head>
    <meta charset="utf-8">
  </head>
  <body>
    <div id="test">テスト</div>
    <div class="test">テスト</div>
    <ul>
      <li class="item">アイテム1</div>
      <li class="item">アイテム1</div>
      <li class="item">アイテム1</div>
    </ul>
  </body>
</html>
```

Q1 上記の HTML から id 属性が test の要素を取得するコードを書
いてください。

Q2 上記の HTML から class 属性が test の要素を取得するコード
を書いてください。

Q3 上記の HTML から class 属性が item の要素をすべて取得す
るコードを書いてください。

2 要素を探す

13 — 3 要素を変更する

要素の探索に続いて、要素の作成や削除、更新する方法を解説します。この操作をすることで冒頭に紹介したような、ボタンの変化やスクロール中の広告表示など、ユーザの操作に応じた見た目の変化を作ることができます。

■ 要素のテキストを変更する

まずは指定要素のテキストを変更してみましょう。テキストを変更するには textContent プロパティを使います。

構文 テキストを変更する

```
要素.textContent = '変更したいテキスト';
```

それでは実際に textContent を使ってテキストを変更してみます。まずは新しく HTML ファイルを作ります。

リスト 13-10 テキスト要素がある Web ページ（text_content.html）

```
<!DOCTYPE html>
<html>
  <head>
    <meta charset="utf-8">
  </head>
  <body>
    <p>テキストです</p>
  </body>
</html>
```

作成した HTML ファイルをブラウザで開いてデベロッパーツールのコンソールから以下のコードを実行してください。ブラウザ上のテキストが変更されるのを確認できます。

リスト13-11 テキストを書き換える（text_content.js）

```
const p = document.querySelector('p');
p.textContent = '変更します';
```

実行結果

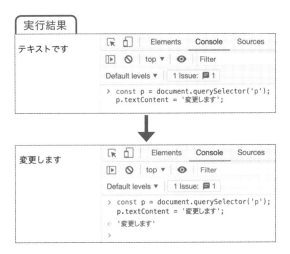

要素の属性を変更する

　HTMLの要素には様々な属性があります。例えば`<img>`要素では、画像ファイルの場所を表す`src`属性や幅や高さを指定する`width`／`height`属性などがあります。これらの属性を参照したり、内容を書き換えたりすることができます。

構文 属性を参照・変更する

```
// 指定属性の値を参照する
要素.属性名

// 指定属性の値を変更する
要素.属性名 = '変更したい値';
```

　実際に試してみましょう。ダウンロードファイルのサンプル画像（sample.jpg）を使ってください。それ以外に自分で用意したものを使っても構いません。

リスト13-12　画像要素のあるWebページ（attr.html）

```
<!DOCTYPE html>
<html>
  <head>
    <meta charset="utf-8">
  </head>
  <body>
    <img src="sample.jpg" width="200" height="200">
  </body>
</html>
```

　今回は画像の高さと幅が200pxの正方形のものを使って表示しています。それを以下のコードを実行し、横長にしてみます。width属性に対して300pxを指定することで画像の横幅を長くすることができます。

リスト13-13　画像要素のwidth属性を変更する（attr.js）

```
const img = document.querySelector('img');
img.width = 300;
```

実行結果

カスタムデータ属性について

あらかじめ定義されている属性以外に、任意の属性を指定することができる
カスタムデータ属性というものがあります。data-から始まる属性名で表現
され、どのようなタグにも使うことができます。このカスタムデータ属性は
HTMLとJavaScriptの間でデータのやり取りをするために使われます。

構文　カスタムデータ属性

data-任意の名前=" 値 "

例えば以下のようにユーザ名を表示する<div>要素に、ユーザIDやユーザ
名をカスタムデータ属性で定義します。これはブラウザ上には表示されないの
で、ユーザが目にすることはありません。

リスト13-14　カスタムデータ属性を持った要素があるWebページ（data_attr.html）

```html
<!DOCTYPE html>
<html>
  <head>
    <meta charset="utf-8">
  </head>
  <body>
    <div class="profile" data-id="100" data-user-name="zaru">⏎
zaru</div>
  </body>
</html>
```

次にデベロッパーツールで以下のコードを実行してみます。ユーザには見え
ていなかった属性を、datasetというプロパティを使って参照することがで
きます。

リスト13-15　カスタムデータ属性を参照する（data-attr.js）

```javascript
const profile = document.querySelector('.profile');
console.log(profile.dataset.id);
console.log(profile.dataset.userName);
```

```
100
zaru
```

また、通常の属性と同じように値の書き換えもできます。

リスト13-16 カスタムデータ属性を書き換える（data_attr_write.js）

```javascript
const profile = document.querySelector('.profile');
profile.dataset.id = 999;
profile.dataset.userName = 'new zaru';
console.log(profile);
```

実行結果

```
<div class="profile" data-id="999" data-user-name="new zaru">⏎
zaru</div>
```

カスタムデータ属性の名前は、HTML上とJavaScript上で表記が異なる点に注意してください。HTMLでは各単語をハイフン区切りで表記するのが一般的です。JavaScriptではハイフンを取り除いて、2語目以降の単語の1文字目を大文字にして利用します。

カスタムデータ属性の名前表記

HTML	JavaScript
data-id	dataset.id
data-user-id	dataset.userId
data-userId	dataset.userid

● カスタムデータ属性の活用方法

カスタムデータ属性は「ページには表示したくないが、CSSやJavaScriptで値を使って操作をしたい」といった場面で便利です。例えば、ゲームのスコアに応じて、画面に表示されるテキストの色を変更するといった表現ができます。

スコアを表示するWebページ（data_attr_demo.html）

```html
<!DOCTYPE html>
<html>
  <head>
    <meta charset="utf-8">
  </head>
  <body>
    <p class="score" data-score="100">100点です</p>
  </body>
</html>
```

　このようにブラウザ上では「100点です」と表記している要素にカスタムデータ属性の data-score を持たせ、スコアの数値を定義します。その値に応じてテキストの色を変更してみます。80点以上であればテキストを青色にします。

スコアに応じてテキストの色を変える（data_attr_demo.js）

```js
const scoreElement = document.querySelector('.score');
const score = scoreElement.dataset.score;
if (score >= 80) {
  scoreElement.style.color = 'blue';
}
```

　このようにカスタムデータ属性をうまく活用することで表現の幅が広がります。ぜひいろいろと試してみてください。

Check Test

Q1 要素のテキストを変更するのは何という名前のプロパティでしょうか。

Q2 <a>要素のリンク先を https://example.com/surasura に変更するコードを書いてください。

```
<a href="https://example.com/">スラスラ</a>
```

CSSを変更する

HTML要素の装飾はCSSで定義することができますが、Styleオブジェクトを使うことでそのCSSを直接変更することもできます。**style**の後にドット（**.**）でCSSのプロパティ名をつなげて操作します。

構文 | CSSスタイルを変更する

```
要素.style.CSSプロパティ名 = '値';
```

それでは試しに、CSSを操作してテキストのフォントサイズを変更してみましょう。

要素のフォントサイズはCSSの **font-size** プロパティで指定することができます。カスタムデータ属性と同じようにCSSのプロパティ名にハイフンが含まれている場合、JavaScriptではハイフンなしの1文字目が大文字になります。つまり **font-size** は **fontSize** として使います。

次の内容でHTMLファイルを作成し、保存してください。

リスト13-19 | テキスト要素のあるWebページ（style.html）

```
<!DOCTYPE html>
<html>
  <head>
    <meta charset="utf-8">
  </head>
  <body>
    <p>テキストです</p>
  </body>
</html>
```

p要素の **style** オブジェクトの **fontSize** プロパティに **36px** を指定します。

リスト13-20 | フォントサイズを変更する（style1.js）

```
const p = document.querySelector('p');
p.style.fontSize = '36px';
```

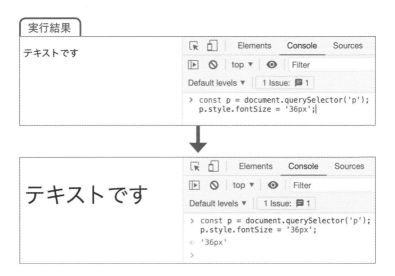

実行結果

このようにフォントサイズを変更することができました。他にも color プロパティでテキストの色の変更や、background で背景色の変更などができるので、いろいろな CSS プロパティを変更してみてください。

class 属性を変更する

ちょっとした装飾を変えるだけであれば Style オブジェクトを使うのが手軽ですが、フォントのサイズや色、背景色など複数の CSS を変更しようとすると、複数のコードを書くことになりコードが煩雑になってしまいます。

リスト13-21 1つずつ CSS を変更すると煩雑なコードになる（style2.js）

```
const p = document.querySelector('p');
// 装飾の変更するコードが増えて読みにくい状態
p.style.fontSize = '36px';
p.style.color = 'red';
p.style.backgroundColor = 'yellow';
```

そこで、あらかじめ CSS でスタイルを class 名で定義しておき、HTML 要素の class 属性を変更することで見た目を切り替える方法がよく使われます。

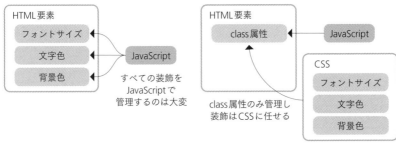

class 属性を使って装飾のコードをまとめる

例として.normalクラスと.warningクラスという2つのクラスを作ります。通常は.normalクラスにし、警告を表現したいときには.warningクラスに切り替えるようにしてみましょう。.normalクラスは黒文字ですが、.warningクラスは赤文字でフォントサイズも大きくなっています。

以下のような内容でHTMLファイルを作成します。

リスト 13-22 複数のスタイルが設定されているWebページ（class_attr.html）

```html
<!DOCTYPE html>
<html>
  <head>
    <meta charset="utf-8">
    <style>
    .normal {
      font-size: 16px;
      color: black;
      background-color: white;
    }
    .warning {
      font-size: 36px;
      color: red;
      background-color: yellow;
    }
    </style>
  </head>
  <body>
    <p class="normal">テキストです。</p>
  </body>
</html>
```

要素のクラスを変更するにはClassListオブジェクトを使います。.normal
クラスから.warningクラスに変えたいので、まずは.normalクラスを削除
します。削除するにはremove()メソッドを使います。

> 構文 ┃ クラスを削除する
>
> 要素.classList.remove('削除するクラス名');

リスト13-23 クラスを削除する（class_attr1.js）

```
const element = document.querySelector('p');
element.classList.remove('normal');
```

続いて.warningクラスを追加します。追加するにはadd()メソッドを使
います。

> 構文 ┃ クラスを追加する
>
> 要素.classList.add('追加するクラス名');

リスト13-24 クラスを追加する（class_attr2.js）

```
const element = document.querySelector('p');
element.classList.add('warning');
```

実際にデベロッパーツールのコンソールで実行してみてください。class
属性が切り替わり、見た目も変化します。

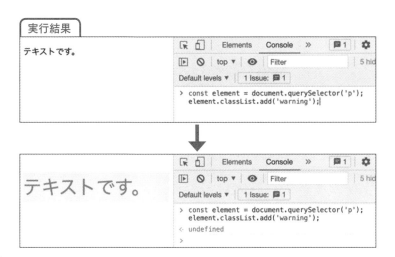

実行結果

このように ClassList オブジェクトを使えば、複数の CSS プロパティを一気に切り替えることができて便利です。また、ClassList オブジェクトには追加と削除以外にも便利なメソッドがあります。

ClassList オブジェクトのメソッド

メソッド	機能
toggle('クラス名')	指定クラスがあれば削除し、なければ追加する
replace('対象クラス名', '置換クラス名')	指定のクラスを置換する
contains('クラス名')	指定のクラスが要素に指定されているか確認する

先ほどの add() と remove() を使ったコードは replace() で書き換えることもできます。

リスト 13-25　クラスを置換する（class_attr3.js）

```
const element = document.querySelector('p');
element.classList.replace('normal', 'warning');
```

Q1 文字と文字の隙間幅を指定するCSSの letter-spacing プロパティを JavaScript で 10px に変更するコードを書いてください。

```
<style>
p { letter-spacing: 1px; }
</style>
<p>このテキストの文字幅を変更してください</p>
```

Q2 以下の要素の class 属性を java から javascript に変更するコードを書いてください。

```
<p class="java">スラスラ</p>
```

CSS のスタイル情報を取得する

要素.style プロパティを通じて CSS スタイルを更新することができますが、スタイル情報を取得するにはどうしたらよいでしょうか。style プロパティは代入だけでなく値の参照もできますが、これでは完全なスタイル情報は取得できないため、getComputedStyle() を使う必要があります。

```
<style> p { color: red; font-size: 32px; } </style>
<p>赤くて大きいテキスト</p>
<script>
  const p = document.querySelector('p');
  const style = getComputedStyle(p);
  console.log(style.color);
  console.log(style.fontSize);
</script>
```

getComputedStyle() の引数に要素を渡すことで現在のスタイル情報を参照することができます。

13 — 5 要素を作成する

DOM要素はあらかじめHTMLファイルに書かれた要素だけでなく、createElement()メソッドを使って自由に作ることもできます。引数にタグの名前を渡すと要素オブジェクトが作成されます。

構文 要素を作成する

```
document.createElement('タグの名前');
```

試しに`<p>`要素オブジェクトを作ってみます。適当なページを開いてデベロッパーツールのコンソールから以下のコードを実行してください。

リスト13-26 要素を作成する（create_element.js）

```
const element = document.createElement('p');
console.log(element);
```

実行結果

```
<p></p>
```

しかし要素オブジェクトを作成しただけでは、まだブラウザに表示される要素にはなっていません。実際に表示させるためにはいくつかのメソッドを使って、HTMLに要素オブジェクトを反映させる必要があります。

▌要素を末尾に追加する

createElementで作った要素オブジェクトをブラウザに表示するにはappend()というメソッドを使います。append()は指定要素の子要素として、末尾に要素を追加することができるメソッドです。

```
親要素.append(追加する要素);
```

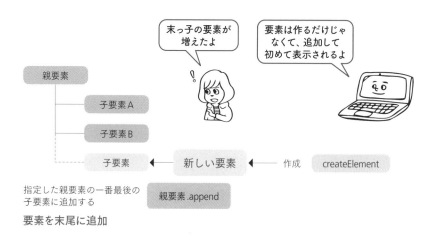

末っ子の要素が
増えたよ

要素は作るだけじゃ
なくて、追加して
初めて表示されるよ

親要素

子要素A

子要素B

子要素　◀　新しい要素　◀　作成　createElement

指定した親要素の一番最後の
子要素に追加する

親要素.append

要素を末尾に追加

リスト13-27　このWebページに要素を追加する（append.html）

```html
<!DOCTYPE html>
<html>
  <head>
    <meta charset="utf-8">
  </head>
  <body>
    <div class="content">
      <p>最初からある要素です</p>
    </div>
  </body>
</html>
```

　デベロッパーツールのコンソールで以下のコードを実行すると <p> 要素が追
加されます。

子要素の末尾に要素を追加する（append.js）

```
const newElement = document.createElement('p');
newElement.textContent = '新しく追加しました';

const content = document.querySelector('.content');
content.append(newElement);
```

まず createElement() メソッドで <p> 要素オブジェクトを作成し、textContent プロパティでテキストを設定します。

作成した <p> 要素オブジェクトを append() を使い .content クラスの <div> 要素の子要素として末尾に追加します。

このコードを実行すると、以下のHTMLと同じ状態になります。

```
<!DOCTYPE html>
<html>
  <head>
    <meta charset="utf-8">
  </head>
  <body>
    <div class="content">
      <p>最初からある要素です</p>
      <p>新しく追加しました</p>   ←──┤ 追加された要素 ├
    </div>
  </body>
</html>
```

逆に子要素の先頭に追加するには prepend() を使います。

構文

親要素.prepend(追加する要素);

先ほどのHTMLで append() ではなく prepend() を使ってみます。

子要素の先頭に要素を追加する（prepend.js）

```
const newElement = document.createElement('p');
newElement.textContent = '先頭に追加します';

const content = document.querySelector('.content');
content.prepend(newElement);
```

　すると、一番先頭に新しい要素が追加されているのを確認できます。このコードを実行すると、以下のHTMLと同じ状態になります。

```
<!DOCTYPE html>
<html>
  <head>
    <meta charset="utf-8">
  </head>
  <body>
    <div class="content">
      <p>先頭に追加します</p>  ← 追加された要素
      <p>最初からある要素です</p>
    </div>
  </body>
</html>
```

指定要素の前や後ろに追加する

　prepend()とappend()では子要素の先頭と末尾に要素を追加していましたが、指定要素の前後に追加をするにはbefore()とafter()を使います。その名前の通り、before()は指定要素の前に要素を追加し、after()は後ろに追加します。

構文 | 要素を前と後ろに追加する

```
指定要素.before(追加する要素);
指定要素.after(追加する要素);
```

指定した前後に要素を追加

追加する場所を特定しやすくするために、<p>要素に.firstというクラス名をつけておきます。

リスト13-30 このWebページに要素を追加する（before_after.html）

```
<!DOCTYPE html>
<html>
  <head>
    <meta charset="utf-8">
  </head>
  <body>
    <div class="content">
      <!-- ここに新しい要素を追加したい -->
      <p class="first">最初からある要素です</p>
    </div>
  </body>
</html>
```

デベロッパーツールのコンソールで以下のコードを実行します。基本的な流れはappend()と同じですが、今回は親要素は使いません。前後の軸となる.first要素さえ取得できれば追加することができます。

今回はbefore()を使って.first要素の前に追加します。

指定要素の前に要素を追加する（before_after.js）

```javascript
const newElement = document.createElement('p');
newElement.textContent = '新しく追加しました';

const firstElement = document.querySelector('.first');
firstElement.before(newElement);
```

このコードを実行すると、以下のHTMLと同じ状態になります。

```html
<!DOCTYPE html>
<html>
  <head>
    <meta charset="utf-8">
  </head>
  <body>
    <div class="content">
      <p>新しく追加しました</p>  ←──── 追加された要素
      <p class="first">最初からある要素です</p>
    </div>
  </body>
</html>
```

このように4つのメソッド（prepend()、append()、before()、after()）を使えば、任意の位置に要素を追加することができます。

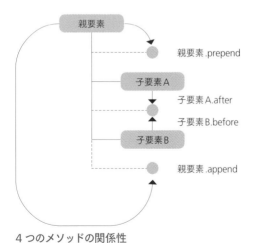

4つのメソッドの関係性

5　要素を作成する

要素を削除する

要素を削除するには remove() を使います。

要素を削除する

```
削除したい要素.remove();
```

DOM

先ほどの HTML で定義済みの .first クラスの <p> 要素を削除してみます。

リスト13-32 この Web ページから要素を削除する（remove.html）

```html
<!DOCTYPE html>
<html>
  <head>
    <meta charset="utf-8">
  </head>
  <body>
    <div class="content">
      <!-- ↓この要素を削除したい -->
      <p class="first">最初からある要素です</p>
    </div>
  </body>
</html>
```

ブラウザのデベロッパーツールコンソールで以下のコードを実行します。

リスト13-33 要素を削除する（remove.js）

```js
const firstElement = document.querySelector('.first');
firstElement.remove();
```

このコードを実行すると、以下の HTML と同じ状態になります。

```html
<!DOCTYPE html>
<html>
  <head>
```

5 要素を作成する

281

```
    <meta charset="utf-8">
  </head>
  <body>
    <div class="content">
    </div>
  </body>
</html>
```

要素を置換する

既存要素を新しい要素で置き換えるには replaceWith() を使います。

先ほどの HTML で定義済みの .first クラスの <p> 要素を新しい要素に置換します

リスト 13-34　このWebページの要素を置換する（replace.html）

```
<!DOCTYPE html>
<html>
  <head>
    <meta charset="utf-8">
  </head>
  <body>
    <div class="content">
      <!-- ↓この要素を別の要素に置換したい -->
      <p class="first">最初からある要素です</p>
    </div>
  </body>
</html>
```

デベロッパーツールのコンソールで以下のコードを実行します。

リスト13-35 要素を置換する（replace.js）

```javascript
const newElement = document.createElement('p');
newElement.textContent = '置き換える要素です';

const firstElement = document.querySelector('.first');
firstElement.replaceWith(newElement);
```

このコードを実行すると、以下のHTMLと同じ状態になります。

```html
<div class="content">
  <p>置き換える要素です</p>
</div>
```

Column

追加削除をする古い方法

解説したprepend()／append()などのメソッド以外にも、要素を追加・削除・置換する方法としてappendChild()やinsertBeforeremoveChild()などがあります。しかしこれらは古いメソッドであり、要素を追加・削除することはできますが柔軟性に欠けています。完全に代替するものではありませんが、要素を追加・削除・置換するだけであれば、新しいメソッドを使う方がよいでしょう。

要素の追加・削除・置換を行う新旧のメソッド

役割	新しい	古い
子要素の先頭に追加	prepend()	なし
子要素の末尾に追加	append()	appendChild()
要素の前に追加	before()	insertBefore()
要素の後に追加	after()	なし
要素を削除	remove()	removeChild()
要素を置換	replaceWith()	replaceChild()

Q1 以下の要素を作成するコードを書いてください。

```
<div>新しく作る要素</div>
```

Q2 以下のコメント部分に要素を追加するために、［？］に記述するべきコードとして正しいものをすべて選んでください。

```
<div class="test">
  <!-- ここに追加したい -->
  <div class="child"></div>
</div>
<script>
const newElement = document.createElement('div');
 [ ? ]
</script>
```

🅐 document.querySelector('.test').prepend↩
  (newElement)

🅑 document.querySelector('.test').append↩
  (newElement)

🅒 document.querySelector('.child').before↩
  (newElement)

🅓 document.querySelector('.child').after↩
  (newElement)

第 **14** 章

イベント

ユーザ操作に反応するインタラクティブなWebアプリケーションを作るのに必要なイベント。使い方は慣れが必要ですが、基本を押さえれば使いこなすことができるようになります。クリックやスクロール操作など具体的なイベントの使い方を学びましょう。

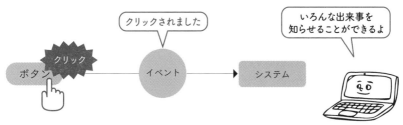

1 イベントとは

この章ではユーザがWebページ上で何らかの操作を行ったことをきっかけに、特定の処理を実行させる**イベント**という仕組みについて学びます。イベントを使うことでJavaScriptならではの動的なWebアプリケーションを作ることができます。

イベントは直訳すると「出来事」という意味です。プログラミングにおけるイベントとは、システム内で発生した何らかの出来事をシステムに知らせるという仕組みです。

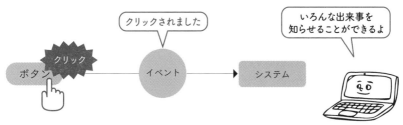

ユーザがボタンをクリックしたことをシステムに知らせる

なぜイベントという仕組みが必要になるのでしょうか。例えば、ユーザがボタンをクリックしたら画像が表示されるシステムを作ろうとします。絵を表示させるには「ユーザがボタンをクリックした」という出来事を知る必要があります。

ユーザがいつボタンをクリックするか、システムは事前に知りようがありません。そのため、ユーザがボタンを押したときに教えてもらう必要があります。イベントを使うことで、この仕組みを実現することができるのです。

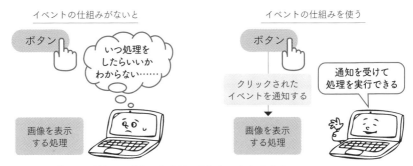

イベントの仕組みがないと　　　　　　イベントの仕組みを使う

システムはユーザがいつボタンをクリックしたのかわからない

　ユーザがボタンをクリックしたときに、システムへ「ボタンがクリックされました」と知らせることで、システムはイベント通知を受け取り、絵を表示する処理を実行することができます。

JavaScriptにおけるイベントの仕組み

　次はJavaScriptにおけるイベントの仕組みについて解説をします。
　発生したイベントを教えてもらうといっても、システムの内部では常に様々なイベントが発生しているため、すべてのイベントを通知されると適切に処理することができなくなってしまいます。
　そこで、あらかじめ知りたいイベントを設定しておき、そのイベントが発生したときだけ通知してもらうようにします。

あらかじめ知りたいイベントを設定しておく

このように特定のボタンがクリックされたら教えてもらうという設定を、事前にコードを書いておくことで、ボタンのクリック時にイベントが通知され、任意の処理を実行できるようになります。

■ Check Test

Q1 プログラミングにおけるイベントの仕組みは何でしょうか？

Q2 JavaScriptでイベントを受け取る方法で正しいのはどちらでしょうか？

　Ⓐすべての出来事を自動で受け取れる

　Ⓑ事前に設定した出来事を受け取れる

Column

イベント定義の古い方法

イベント定義の方法は以降で解説をする addEventListener() を使う以外に on から始まるイベント名の DOM プロパティで設定することもできます。このように onclick 属性の値に直接 JavaScript のコードを書くことができます。

```
<button onclick="alert('アラート')">ボタン</button>
```

しかしこの方法は現代ではあまり使われませんし、あまりよい方法でもありません。なぜなら HTML と JavaScript のコードが密接に混在してしまうと保守しにくくなったり、長い JavaScript コードになると可読性が悪くなったりするためです。

しかし、今後 JavaScript のコードを読んでいるときに目にすることもあるかもしれないので、こういったイベント定義の方法もあるんだと頭の中に入れておくとよいでしょう。

2 イベントを使う

イベントを設定する

イベントの仕組みを使うには、特定の要素に対してイベントを設定する必要があります。イベントの設定にはaddEventListener()を使います。第一引数にはイベント名を、第二引数にはイベント発生時に実行したい関数を渡します。

> 構文 イベントを設定する
>
> ```
> 要素.addEventListener( イベント名 , 関数名 );
> ```

それでは試しに、ボタンをクリックするとアラートを表示する処理を作ってみましょう。

ボタンをクリックするとアラートを表示する

まずはボタンタグを設置したHTMLファイルを用意します。今回からはJavaScriptはHTMLファイルの<script>タグに書くようにします。デベロッパーツールのコンソールで入力しても構いませんが、コードが複数行にわたるためエディタで書いた方が書きやすいでしょう。

| リスト14-1 | ボタンを設置したWebページ（add_event.html） |

```html
<!DOCTYPE html>
<html>
  <head>
    <meta charset="utf-8">
  </head>
  <body>
    <button type="button">ボタン</button>
    <script>
      function alertMessage() {
        alert('ボタンをクリックしました');
      }

      const button = document.querySelector('button');
      button.addEventListener('click', alertMessage);
    </script>
  </body>
</html>
```

　まずはアラートを表示する関数alertMessage()を定義します。次に、ボタンクリックのイベント設定をaddEventListener()で行います。第一引数にはクリックイベントを表すclickを渡します。イベント名は半角の小文字である必要があります。そして、第二引数には関数名を渡します。

　ブラウザで開いて、画面上のボタンをクリックしてみましょう。

実行結果

　このようにaddEventListener()を使うと、特定のイベントが発生したときに任意の関数を実行させることができます。

　なおaddEventListener()はEvent（出来事）のListener（聞き手）をadd（追加）するという意味合いで、第二引数で指定した関数はイベントリスナーやイベントハンドラと呼ばれます。

　また関数名を渡す際は、関数名の末尾に()をつけない点に注意しましょう。

（）をつけてしまうと、イベント発生時ではなく、addEventListener()を定義したタイミングに関数が実行されてしまいます。

関数式を渡す方法

先ほどの例では関数をあらかじめ定義してから関数名を渡しました。実は関数名を渡す以外に、関数式を渡すこともできます。実際のコードではこちらの関数式を渡す方法がよく使われます。本書でも以降は関数式を渡す方法で解説をします。

```
const button = document.querySelector('button');
button.addEventListener('click', function () {
  alert('ボタンをクリックしました');
});
```

このように引数に関数式を渡すことができます。この書き方のメリットは、関数を定義しなくてよいため、名前をつける必要がなくなるということです。逆にデメリットとして、関数の処理が複雑になってしまうと、コードが読みにくくなってしまうので注意してください。

Column

イベントの削除について

addEventListener()でイベントの登録ができますが、逆にイベントの削除もできます。イベントの削除にはremoveEventListener()を使います。注意点としてはremoveEventListener()は削除対象の関数名を指定する必要があるため、addEventListener()で関数式を渡すと削除できないことです。

```
function event() {
  console.log('関数名が特定できるので削除可能')
}
button.addEventListener('click', event);
button.removeEventListener('click', event);
```

```
button.addEventListener('click', function () {
  console.log('関数名が特定できないので削除不可能')
});
button.removeEventListener('click', function () {
  console.log('関数名が特定できないので削除不可能')
});
```

■ Check Test

Q1 イベントを設定する方法で正しくないものを選んでください。

Ⓐ
```
addEventListener('click', function () {
  console.log('event');
})
```

Ⓑ
```
function something () {
  console.log('event');
}
addEventListener('click', something)
```

Ⓒ
```
function something () {
  console.log('event');
}
addEventListener('click', something())
```

Ⓓ
```
const something = function () {
  console.log('event');
}
addEventListener('click', something)
```

2 イベントを使う

293

3 様々なイベント

イベントには様々な種類が用意されています。大量にあるためすべてのイベントは紹介できませんが、よく使われるものをいくつかピックアップして解説します。それぞれサンプルのページを操作しながら、どのようにイベントが発生するのか試してみましょう。すべてのイベントを調べたい場合は、MDNのイベントリファレンスページを参照してください。

• MDNイベントリファレンスページ

https://developer.mozilla.org/ja/docs/Web/Events

click イベント

clickイベントは先ほど解説したように要素のクリック時に発生します。

リスト14-2 ボタンをクリックするとイベントが発生（click_event.html）

```html
<!DOCTYPE html>
<html>
  <head>
    <meta charset="utf-8">
  </head>
  <body>
    <button type="button">ボタン</button>
    <script>
      const button = document.querySelector('button');
      button.addEventListener('click', function () {
        console.log('クリックしました');
      });
    </script>
  </body>
</html>
```

サンプルのページをブラウザで開き、ボタンをクリックすると、イベントが
発生してコンソールにテキストが表示されます。

実行結果

```
ボタン
```

```
⬚ ⬚  Elements  Console  Sources
▶ ⊘  top ▼  ⦿  Filter
クリックしました
```

input イベント

input イベントはフォームの入力欄にデータが入力されたときに発生します。

リスト14-3　　フォームを入力するとイベントが発生（input_event.html）

```html
<!DOCTYPE html>
<html>
  <head>
    <meta charset="utf-8">
  </head>
    <body>
    <input type="text">
    <script>
      const input = document.querySelector('input');
      input.addEventListener('input', function (event) {
        const value = event.currentTarget.value;
        console.log(`入力内容: ${value}`);
      });
    </script>
  </body>
</html>
```

入力欄に入力すると、イベントが発生して入力内容がコンソールに表示され
ます。

実行結果

```
text
```

```
▨  ⊡   Elements   Console   Sources
▶  ⊘   top ▼   ⊙   Filter
    入力内容: t
    入力内容: te
    入力内容: tex
    入力内容: text
```

　入力された内容を取得するには、イベントリスナーの関数に渡されるイベントオブジェクトを参照します。詳しくは次の節で解説します。

　テキスト入力欄の`<input type="text">`以外にも、チェックボックスの`<input type="checkbox">`やラジオボタンの`<input type="radio">`、選択式メニューの`<select>`でも使うことができます。

　下はラジオボタンの例です。

リスト14-4 ラジオボタンを選択するとイベントが発生（input_event_radio.html）

```
<!DOCTYPE html>
<html>
  <head>
    <meta charset="utf-8">
  </head>
  <body>
    <input type="radio" name="radio" value="1" class="radio">1
    <input type="radio" name="radio" value="2" class="radio">2
    <script>
      const radios = document.querySelectorAll('.radio');
      for (let radio of radios) {
        radio.addEventListener('input', function (event) {
          const value = event.currentTarget.value;
          console.log(`${value}がチェックされました`);
        });
      }
    </script>
  </body>
</html>
```

実行結果

◉1 ○2

⬚ ⬚	Elements	**Console**	Sources

▶ ⊘ | top ▼ | ◉ | Filter

1がチェックされました

続いて、チェックボックスの例です。

チェックボックスを選択するとイベントが発生
リスト14-5 (input_event_checkbox.html)

```html
<!DOCTYPE html>
<html>
  <head>
    <meta charset="utf-8">
  </head>
  <body>
    <input type="checkbox" name="checkbox[]" value="1" class=⏎
"checkbox">1
    <input type="checkbox" name="checkbox[]" value="2" class=⏎
"checkbox">2
    <script>
      const checkboxes = document.querySelectorAll('.checkbox');
      for (let checkbox of checkboxes) {
        checkbox.addEventListener('input', function (event) {
          const value = event.currentTarget.value;
          console.log(`${value}がチェックされました`);
        });
      }
    </script>
  </body>
</html>
```

実行結果

☑1 □2

| Elements | Console | Sources |

top ▼ ◉ Filter

1がチェックされました

最後に、セレクタの例です。

セレクタを設定するとイベントが発生（input_event_select.html）

```html
<!DOCTYPE html>
<html>
  <head>
    <meta charset="utf-8">
  </head>
  <body>
    <select class="select">
      <option value=""></option>
      <option value="1">1</option>
      <option value="2">2</option>
    </select>
    <script>
      const select = document.querySelector('.select');
      select.addEventListener('input', function (event) {
        const value = event.currentTarget.value;
        console.log(`${value}が選択されました`);
      });
    </script>
  </body>
</html>
```

3 様々なイベント

実行結果

1 ∨

| ⬈ ⬚ | Elements | **Console** | Sources |

| ▶ ⦸ | top ▾ | ◉ | Filter |

1が選択されました

keydown ／ keyup イベント

キーボードのキーを押したときのイベントです。keydownはキーを押した とき、keyupはキーを押してから離したときに発生します。引数のイベント オブジェクトのkeyプロパティに押下されたキーの種類が格納されています。

普通の英数字だけでなくコントロールキーやシフトキーなど特殊なキーの入 力も判断することができます。主にJavaScriptで独自のショートカットを定義 するときなどに使います。

リスト14-7 キーを押すとイベントが発生（key_event.html）

```
<!DOCTYPE html>
<html>
  <head>
    <meta charset="utf-8">
  </head>
  <body>
    <input type="text">
    <script>
      const input = document.querySelector('input');
      input.addEventListener('keydown', function (event) {
        console.log(event.key);
      });
    </script>
  </body>
</html>
```

実行結果

z

| Elements | Console | Sources |

Control
Alt
z

mousemove / mousedown / mouseup イベント

　マウスの動きに関するイベントです。mousemoveはマウスを動かしたときにイベントが発生します。イベントオブジェクトのoffsetXとoffsetYプロパティで画面左上を始点とした座標データを取得することができます。mousedownはマウスのボタンを押下したとき、mouseupは押下して離したときに発生します。これらのイベントは主にお絵かきアプリやグラフィック操作ツールなどで使います。

　なお下の例では指定のdiv要素（色のついた四角形）に対してマウスイベントを設定しており、div要素内でのみマウスの動きを検知しています。画面全体でマウスの動きを検知したい場合はwindowオブジェクトに対してマウスイベントを設定します。

リスト 14-8　マウスを動かすとイベントが発生（mouse_event.html）

```html
<!DOCTYPE html>
<html>
  <head>
    <meta charset="utf-8">
  </head>
  <body>
    <div style="width: 200px; height: 100px; ⏎
background: pink;"></div>
    <script>
      const div = document.querySelector('div');
```

3　様々なイベント

```
      div.addEventListener('mousemove', function (event) {
        console.log(`Move : x = ${event.offsetX}, ⏎
y = ${event.offsetY}`);
      });
      div.addEventListener('mousedown', function (event) {
        console.log(`Down : x = ${event.offsetX}, ⏎
y = ${event.offsetY}`);
      });
      div.addEventListener('mouseup', function (event) {
        console.log(`Up : x = ${event.offsetX}, ⏎
y = ${event.offsetY}`);
      });
    </script>
  </body>
</html>
```

実行結果

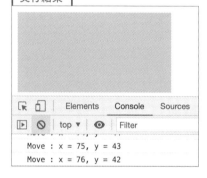

scroll イベント

　画面のスクロールに関するイベントです。スクロールをするたびにイベント
が発生します。また、画面全体に関することなので window オブジェクトに
addEventListener() でイベントを設定します。スクロール量は window.
scrollY プロパティで取得することができます。

　スクロールイベントをうまく使うことで、スクロールに合わせてバナーを表
示するといった動作が実現できます。

```html
<!DOCTYPE html>
<html>
  <head>
    <meta charset="utf-8">
  </head>
  <body>
    <div class="scroll"></div>
    <script>
      const scrollContent = document.querySelector('.scroll');
      for(let i = 0; i < 1000; i++) {
        scrollContent.textContent += ` テキスト ${i} `;
      }
      window.addEventListener('scroll', function () {
        console.log(`スクロール量は${window.scrollY} pxです`);
      });
    </script>
  </body>
</html>
```

実行結果

テキスト 19 テキスト 20 テキスト 21 テ
テキスト 28 テキスト 29 テキスト 30 テ
テキスト 37 テキスト 38 テキスト 39 テ
テキスト 46 テキスト 47 テキスト 48 テ
テキスト 55 テキスト 56 テキスト 57 テ

| | | Elements | Console | Sources | Network |

top ▾ | Filter

スクロール量は 53 px です
スクロール量は 54 px です
スクロール量は 55 px です

4 イベント発生元の要素に アクセスする

■ イベントオブジェクトについて

　イベントリスナーの関数を実行する際に、イベント発生元の要素にアクセスしたい場面があります。例えばフォームのタグである`<input>`に入力されたテキストを取得して、入力内容が正しいかをチェックしたいときなどです。

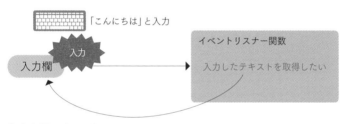

入力内容のチェック

　実はイベントは「クリックした」や「テキストが入力された」などの動作が発生したことは教えてくれますが、「何がクリックされたか」や「どんなテキストが入力されたか」は直接は教えてくれません。自分で情報をとりにいく必要があるのです。

イベントは入力された中身を教えてくれるわけではない

そこでイベントオブジェクトが登場します。イベントオブジェクトとは、あらかじめ登録しておいた関数に引数として自動で渡される、特別なオブジェクトです。このイベントオブジェクトに問い合わせることで「何がクリックされたか」や「どんなテキストが入力されたか」の情報を取得することができます。

イベントオブジェクト

　イベントオブジェクトの受け取り方は簡単で、`addEventListener()`に登録する関数に引数を設定するだけです。

```
button.addEventListner('click', function (event) {
  // eventがイベントオブジェクト
  console.log(event);
});
```

　例では event という名前の変数名にしていますが、どんな名前でも大丈夫です。ただ「イベントオブジェクトを受け取る」ということをわかりやすくするために event とするのがおすすめです。

▎イベントが発生した要素を取得する

　それでは実際にイベントオブジェクトから、イベントが発生した要素を取得してみましょう。簡単な例として、ボタンをクリックしたら、ボタンのテキストを変更するようなコードを書いてみます。

　　　　　　　　　　4　イベント発生元の要素にアクセスする

ボタンをクリックするとテキストが変わる Web ページ
(target_event.html)

```html
<!DOCTYPE html>
<html>
  <head>
    <meta charset="utf-8">
  </head>
  <body>
    <button type="button">ボタン</button>
    <script>
      const button = document.querySelector('button');
      button.addEventListener('click', function (event) {
        const button = event.currentTarget;
        button.textContent = '変更します';
      });
    </script>
  </body>
</html>
```

第14章 イベント

イベントオブジェクトの currentTarget プロパティにはイベントが発生した要素が格納されています。このコードでは button 変数には、クリックされた <button type="button">ボタン</button> 要素が格納されています。これは document.querySelector() で要素を取得した状態と同じです。

currentTarget と target の違い

currentTarget と似たプロパティで target というものがあります。こちらも同様にイベントが発生した要素を取得することができるプロパティで、違いは以下の通りです。

- currentTarget：addEventListener を設定した要素
- target：設定したイベントが発生した要素

少しわかりにくいので実際のコードで試してみましょう。

```
<!DOCTYPE html>
<html>
  <head>
    <meta charset="utf-8">
  </head>
  <body>
    <button type="button">
      <span>span要素です</span>
      ボタン要素です
    </button>
    <script>
      const button = document.querySelector('button');
      button.addEventListener('click', function (event) {
        console.log(event.currentTarget);
        console.log(event.target);
      });
    </script>
  </body>
</html>
```

　ボタン要素の中に<span>要素を入れています。ボタン全体に対してクリックイベントを設定しているので、ボタンのどこをクリックしてもイベントが発生します。しかし、<span>で囲まれた部分をクリックする場合は、<span>要素でクリックイベントが発生していることになります。

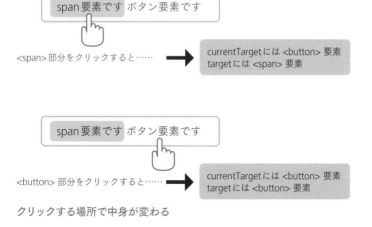

クリックする場所で中身が変わる

つまり、<span>部分をクリックするとcurrentTargetには<button>が、targetには<span>要素が格納されます。

常にイベント設定した要素を取得したい場合はcurrentTargetを使い、実際にイベントが発生した要素を取得したい場合はtargetを使ってください。通常であればcurrentTargetの方が使いやすいでしょう。

規定の動作を停止する

イベントオブジェクトのpreventDefault()を使うと、規定の動作を停止することができます。規定の動作を停止というのは、例えばクリック時に指定のURLへページ遷移を行う<a>のリンクタグがあったとして、この遷移自体を停止できるということです。

規定の動作を停止するには、イベント発生時に受け渡されるイベントオブジェクトに対してpreventDefault()メソッドを実行するだけです。

> **構文** 規定の動作を停止
>
> ```
> イベントオブジェクト.preventDefault();
> ```

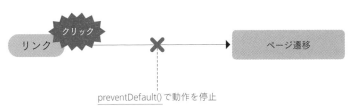

動作を停止する

それでは実際にpreventDefault()を使ったコードを書いてみます。今回はリンクをクリックした際に「本当にページ遷移しますか？」と確認をとり、OKならそのままページ遷移、キャンセルした場合はページ遷移を停止するようにしてみます。

リスト14-12　ページ遷移時、動作を停止して確認をするWebページ（prevent_event.html）

```html
<!DOCTYPE html>
<html>
  <head>
    <meta charset="utf-8">
  </head>
  <body>
    <a href="https://example.com">リンク</a>
    <script>
      function confirmLink(event) {
        if (confirm('ページ遷移しますか?')) {
          console.log('実行しました');
        } else {
          event.preventDefault();
          console.log('キャンセルしました');
        }
      }

      const link = document.querySelector('a');
      link.addEventListener('click', confirmLink);
    </script>
  </body>
</html>
```

　<a>要素のclickイベント時にconfirm()関数を使って、ユーザに確認するダイアログを表示します。

実行結果

　「キャンセル」を選択するとpreventDefault()が実行され<a>要素のページ遷移動作を停止することができます。

　このようにイベントオブジェクトのpreventDefault()を使うことで元の動作を停止し、他の動作を実行させることもできます。

通信と非同期処理

Ajax とも呼ばれるサーバとの通信処理は難しい機能ですが、使いこなせるようになると動的でリッチな体験を提供する Web アプリケーションを作ることができます。あせらずじっくり学んでいきましょう。

この章で学ぶこと

1 効率的なページ遷移

第15章ではJavaScriptからサーバへ通信をする処理を学びます。理解が難しい分野ではありますが、JavaScriptを使ったリッチなWebアプリケーションを構築する上で、避けては通れない部分なのであせらずじっくりと読み進めてください。それではまずはWebサイトにおけるページ遷移の仕組みから説明をしていきます。

通常のWebサイトは、ページを表示する際に、ブラウザからサーバへURLをリクエストします。サーバは該当のページを表示するのに必要なHTMLやCSS、JavaScript、画像ファイルなどをブラウザに渡します。そしてブラウザはファイルを受け取って画面にページを描画します。これが基本的なWebページの表示の流れです。

別のページへ遷移すると、先ほどと同じように必要なファイルを、サーバから取得し、読み込み直す必要があります。当然、ページ自体がまったく異なるものであれば、それで問題はありません。

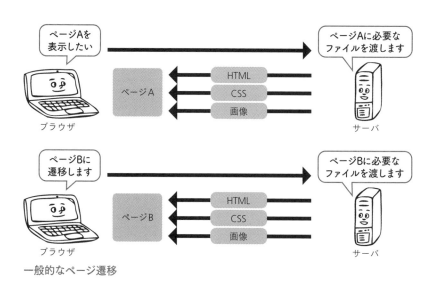

一般的なページ遷移

しかし、大部分は同じで一部分だけが異なるページへ遷移する場合は、すべてのファイルを読み込み直すのはとても非効率的です。すでに取得済みのファイルを再利用し、まだ持っていない部分だけサーバから受け取ることができれば効率的になりそうです。

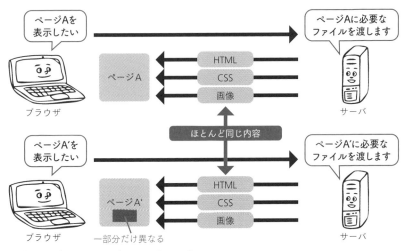

効率的なデータの受け渡しができるか？

　このように必要なデータだけをサーバから受け取り、ページの一部分だけを書き換えるような手法は、現代のWebサイトでよく使われています。例えば、Twitterでツイートに「いいね」をした際にその場でいいねが完了したり、Googleなどの検索エンジンでキーワードの入力中に検索ワードの候補が表示される機能などがこれに該当します。「いいね」をするたびにページ全体を読み込み直してしまうと、次のページが表示されるまでに時間がかかったり、画面がちらついたりして、使い勝手がよくありませんし、必要のないファイルを何度も取得するので非効率です。
　そこでAjax（Asynchronous JavaScript And XML）と呼ばれる、JavaScriptでサーバから必要なデータのみを取得し、ページを部分的に書き換える手法がよく使われます。

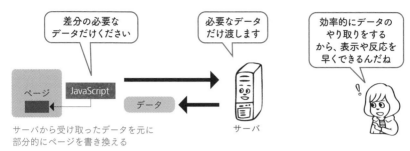

サーバから受け取ったデータを元に
部分的にページを書き換える

Ajax で部分的に置き換える

　Ajaxを使えば、データの受け渡しの効率がよく、ユーザの体験を向上させるWebアプリケーションを構築することができます。この第15章ではAjaxの手法で、JavaScriptを使ってサーバと通信する処理について解説をしていきます。

データ形式 JSON について

　上記のように部分的に必要なデータだけをサーバから取得する場合、どのような形式のデータを受け取ればいいのでしょうか。本書では最もよく使われる、JSON（ジェイソン）と呼ばれるデータ形式を使って解説をしていきます。

　JSONは人間に読み書きがしやすいデータ形式で、JavaScriptの記法をベースにしているため親和性が高く、よく使われています。それではJSONの記法例を見てみましょう。

● JSONの記法例
JSONの記法例は次のようになります。

```
{
  "name" : "tarou",
  "languages" : ["JavaScript", "PHP", "Python"]
}
```

第15章

通信と非同期処理

JavaScriptのオブジェクトと似たような記法に見えませんか？　実際、ほとんど似ています。全体を波括弧（{}）で囲み、その中にコロン（:）で区切られたキーと値の組み合わせを並べるのが基本的な形です。キーと値の組み合わせは、末尾のカンマ（,）で区切りがつけられています。キーと値に使える文字に制限はないので、日本語でも構いません。ただしキー名はJavaScriptのコード上でも使うため、基本的には英字に統一した方がコードが書きやすいでしょう。

　この記法は第9章で学んだオブジェクトの書き方とほぼ同じです。違いはキー名はダブルクォーテーション（"）で囲む必要がある点です。スペースや改行は特に決まりはないですが、読みやすさを確保するために適宜入れる方がいいでしょう。また、ブラケット（[]）で配列を定義することもできます。これもJavaScriptの配列と同じ書き方です。

　JSONはWebアプリケーションでJavaScriptを使う上で、非常に重要な要素なのでしっかりと押さえておきましょう。

■ Check Test

Q1 Ajaxの特徴として正しいものをすべて選んでください。

Ⓐ 必要なデータだけをサーバから取得するので効率がよい

Ⓑ 部分的に書き換えるので、画面のちらつきが少なく、描画も早くユーザ体験がよい

Ⓒ サーバから自動で最新のデータを送ってくれる

Q2 JSONの特徴について正しいものをすべて選んでください。

Ⓐ JavaScriptのオブジェクトに書き方が似ている

Ⓑ キーと値の組み合わせでデータを表現する

Ⓒ キーと値は、シングルクォーテーションで囲む

Ⓓ 配列データを定義することができる

15 — 2 非同期処理

　それではJavaScriptを使ってサーバと通信をする方法を学んでいきます。その前に**非同期処理**という概念について解説をします。JavaScriptにおけるサーバ通信は非同期処理で実現されています。一見、複雑で難しく感じるかもしれませんが、使うだけであれば簡単なので、こういう仕組みがあるんだと、気楽な気持ちで読み進めてみてください。

同期と非同期

　一般的にプログラムは書いたコードの順序通りに上から下に実行します。一番最初のコード実行が完了するのを待ってから、下の行に移動し次のコードを実行していきます。これを**同期処理**と呼びます。直感的な処理なので迷うことはないでしょう。

　しかし非同期処理は、コード実行の完了を待たずに次のコードを実行します。これが非同期と呼ばれる理由です。

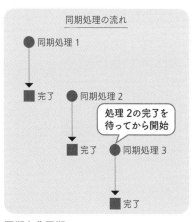
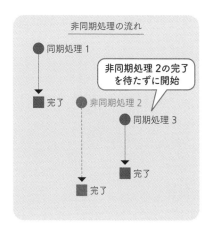

同期と非同期

非同期処理がなぜ必要なのか

　同期処理では実行したコードの完了を待つため、実行結果を受け取り、変数に格納することができます。

```
// 変数resultに実行結果を格納できる
const result = 同期処理();
```

　しかし、非同期処理は実行したコードの完了を待ちません。そのため、実行結果をその場で受け取って変数に格納することはできません。

```
// 変数resultには結果は格納されない
const result = 非同期処理();
```

　一見不便なように見える非同期処理ですが、この「処理を待たない」という特性が通信処理においてはとても便利です。では非同期処理のどういった点が便利なのか見ていきましょう。

　例えば、パソコンで何かの作業をしているときに、完了まで時間のかかる処理があるとします。もしこの時間がかかる処理が完了しないと、他の作業ができないとなったらどうでしょうか。非常に使い勝手の悪いパソコンになります。

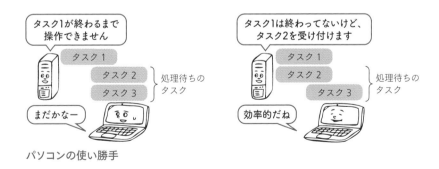

パソコンの使い勝手

実際のパソコンでは何か時間のかかる処理をしていたとしても、利用者の操作を極力妨げないような工夫がされています。この工夫が、まさに処理の完了を待たない非同期処理です。

それでは同期処理をJavaScriptで再現してみます。ブラウザを開いて、下記のコードをデベロッパーツールのコンソールに入力してください。

リスト 15-1 同期処理を再現する（sync_alert.js）

```
function syncAlert() {
  alert('アラートを表示');
  console.log('ログを出力');
}
syncAlert();
```

アラートが表示され、OKを押して閉じると、コンソールに「ログを出力」と表示されます。これは`alert()`が同期処理する機能のため、OKを押してアラートを閉じない限りは後続のコードが実行されず待機している状態ということです。

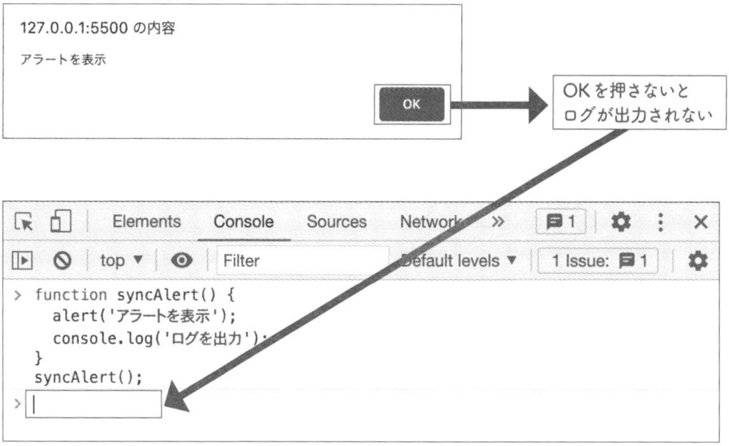

アラートを閉じないと次の処理が実行されない

それでは続いて、非同期処理の流れを再現してみます。同様に下記のコードを入力して実行してください。

非同期処理を再現する（async_alert.js）

```javascript
function asyncAlert() {
  setTimeout(function () {
    alert('アラートを表示');
  }, 0);
  console.log('ログを出力');
}
asyncAlert();
```

　今度は実行するとアラートが表示されたときに、コンソールに「ログを出力」
と表示されます。

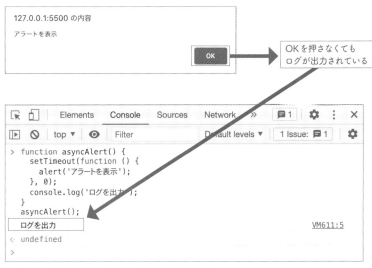

アラートを閉じなくても次の処理が実行される

　これは setTimeout() が非同期処理だからです。setTimeout() は実行
する内容や、指定した実行秒数にかかわらず、即座に後続のコードを実行します。
　処理完了を待つということがどういうことか、これで体感できたのではない
でしょうか。それでは通信処理と非同期処理の関係について解説をしていきます。

3　非同期通信

通信も待機する

　通信処理はサーバからの応答を待つ必要があり、時間のかかる処理です。し
かし、サーバからの応答を待っている間に、ブラウザの操作ができなくなった
り、他の処理を実行できなくては困ってしまいます。そのためJavaScriptではサー
バとの通信を非同期処理として実現しています。

　先ほど解説した同期処理と同じように、通信も同期処理になるとサーバから
の返事を受け取ってからでないと後続の処理が実行できません。もし、サーバ
の負荷が高まったり、回線が混雑していて応答に時間がかかったりすると、
JavaScript全体の処理も止まってしまいます。

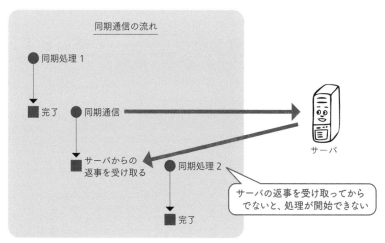

同期通信の流れ

そこで通信を非同期処理とすることで、サーバからの応答を待たずに他の処理をすることができます。

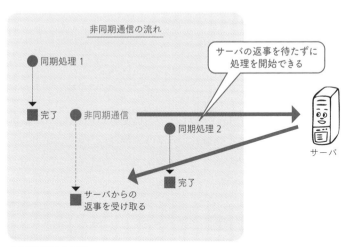

非同期通信の流れ

Visual Studio Code を使ってサーバの準備をする

　それでは実際に JavaScript でサーバとの通信を実装してみましょう。その前に通信相手となるサーバを用意する必要があります。本物のサーバを用意するのは難しいので、今回は Visual Studio Code の拡張機能である、Live Server を使って簡単に用意できるサーバを利用します。

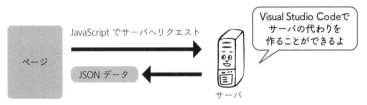

Live Server のイメージ

Visual Studio Codeを起動し、拡張機能のメニューからLive Serverを検索してインストールをしてください。

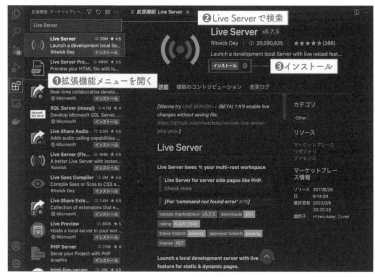

Live Server の用意

Live Serverをインストールするとエディタの右下に「Go Live」ボタンが表示されます。

「Go Live」ボタンが表示される

「Go Live」ボタンを押下すると自動でサーバが起動します。試しに適当な HTML ファイルを Visual Studio Code で開き「Go Live」ボタンを押下してください。自動でブラウザが立ち上がり、ページが表示されます。

　Windows を使っている方は最初に下記のような警告ダイアログが出るかもしれません。「アクセスを許可する」を選び進めてください。

Windows での警告ダイアログ

　ページの URL はデフォルトでは`http://127.0.0.1:5500/`になります。簡易的なサーバで、外部に公開されているものではないため、Visual Studio Code を実行しているパソコンからしか閲覧はできないようになっています。

JSON データを用意する

　サーバの用意ができたので次は JavaScript が受け取る JSON データを用意します。通常はサーバで動くシステムが JSON データを動的に生成することが多いのですが、今回は JSON データをファイルとしてあらかじめ用意することにします。

　まず現在の章に合わせて「15」というフォルダを作ります。そして、下記の内容で新しく「sample.json」という名前のファイルを作り、「15」フォルダの中に保存をしてください。

リスト15-3　サンプルのJSONデータ（sample.json）

```
{
  "text": "Hello JavaScript!"
}
```

そして先ほど設定したVisual Studio CodeのLive Serverを起動します。

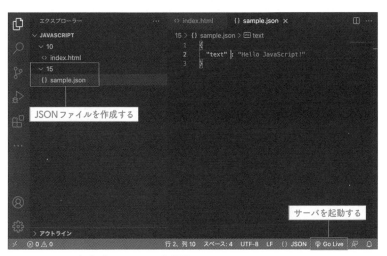

JSONファイルを作成し、サーバを起動

　すると、自動でブラウザが起動します。おそらくデスクトップ上に作った
「JavaScript」というフォルダの中にあるファイル一覧のページが表示されてい
ると思います。その中から先ほど作成したJSONファイルの場所まで進みます。

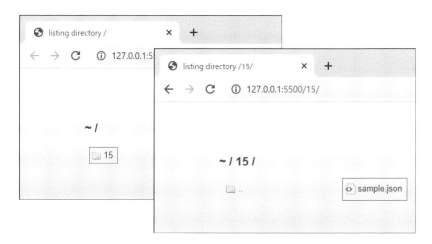

JSON のファイルがある場所まで進む

　すると下記URLでJSONファイルにアクセスすることができます。

http://127.0.0.1:5500/15/sample.json

実行結果

通信処理を実装する

　通信処理の準備が整ったので、JavaScriptからサーバに通信し、先ほど用意したJSONデータを取得するように実装してみます。下記の内容でファイルを作成し、Live Serverで次のURLへアクセスをしてください。

```
http://127.0.0.1:5500/15/fetch.html
```

リスト 15-4 JSONファイルから文字列を受け取るWebページ（fetch.html）

```html
<!DOCTYPE html>
<html>
  <head>
    <meta charset="utf-8">
  </head>
  <body>
    <div class="result"></div>
    <script>
      fetch('http://127.0.0.1:5500/15/sample.json').then⏎
(function (result) {
        return result.json();
      }).then(function (json) {
        const result = document.querySelector('.result');
        result.textContent = json.text;
      });
    </script>
  </body>
</html>
```

実行結果

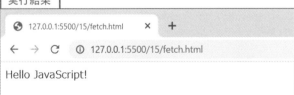

3　非同期通信

325

HTMLファイル上では「Hello JavaScript!」という文字列は書いていませんが、サーバから取得したsample.jsonファイルに書かれている文字列を受け取って表示しています。これがJavaScriptの通信処理です。

　いきなり複雑なコードが出てきましたが、以下のような定型文をひとまず覚えるだけで最低限の`fetch()`通信処理は扱えます。

● fetch()通信の書き方

　まずは処理の中身を省略した全体の形から解説します。`fetch()`でJSONデータを取得するには`fetch()`の後に2回の`then()`というメソッドをつなげます。

```
fetch().then().then();
```

　`fetch()`の引数には通信をしたいURLを指定します。

```
fetch(通信したいURL).then().then();
```

　続いて、1個目の`then()`メソッドの引数には関数を渡します。関数の役割はサーバからのレスポンスに対してJSONデータを抜き出す処理です。

　引数で自動で受け渡されるレスポンスオブジェクトの`response`が持つ`json()`メソッドを実行して返します。`json()`メソッドの結果を`return`するところに注意してください。

```
fetch(通信したいURL).then(function (response) {
  return response.json();
}).then();
```

　最後に、2個目の`then()`にも同様に関数を渡します。この関数の役割は、1個目で抜き出したJSONデータを受け取って、任意の処理をすることです。

```
fetch(通信したいURL).then(function (response) {
  return response.json();
}).then(function (json) {
  console.log(json);
});
```

　こうしてようやくサーバと通信し、JSONデータを取得することができました。
関数の引数が2回出てくるのでややこしいですが、慣れると無意識に書けるよ
うになります。実際にいろいろと書いてチャレンジしてみてください。

処理が失敗した場合

　通信がいつも必ず成功するとは限りません。サーバ自体が応答不能の可能性
や、通信自体が成功してもJSONではないデータが返ってくることもあります。
このように処理が失敗した際にどうすればよいのかというと、then()の最後
にcatch()メソッドをつなげて、失敗結果を受け取るようにしておくのです。

```
fetch('/sample').then(function (response) {
  return response.json();
}).then(function (json) {
  console.log(json);
}).catch(function (error) {
  // 処理が失敗した場合
  console.log(error);
});
```

　catch()はthen()と同じように関数を引数で受け取ります。処理が失敗
するとこの関数が実行され、エラーの情報を受け取ることができます。このよ
うに、プログラミングではエラー時の処理を用意しておくことがとても重要です。

通信処理の中断

fetch()でサーバとの通信処理を中断するにはAbortController()
という機能を使います。以下は、サーバとの通信が1秒以上経過して
も終わらなかった場合、通信を中断するというコードです。

```
const controller = new AbortController();
const signal = controller.signal;
setTimeout(function () { controller.abort(); }, 1000);
const result = await fetch('./sample.json', ⏎
{ signal: signal });
const json = await result.json();
console.log(json);
```

まずnew AbortController()で中断コントローラを作成していま
す。中断コントローラにはsignalという特別なオブジェクトがあり、
これをfetch()を実行する際に渡しておきます。最後に、fetch()
を実行する前にsetTimeout()を使い、1秒後にcontroller.abort()
で通信を中断させるようにしています。このようにすることで、通信
のタイムアウトのような処理を取り入れることができます。

■ Check Test

Q1 以下のコードはJSONをサーバから取得して出力します。
A ～ C に入る正しいコードを書いてください。

```
fetch(通信したいURL). A (function (response) {
  B
}). C (function (json) {
  console.log(json);
});
```

4 async／awaitで
非同期処理を簡単に書く

先ほどは then() をつなげて JSON データを取得していました。間違った方法ではないのですが、若干コードが読みにくくなります。コードが入れ子になったり、直感的でない書き方になったりするので、コードを読み返したときに混乱しやすくなります。

そこで最近ブラウザにサポートされた新しい記法、async／await（アシンク／アウェイト）を使って、直感的に fetch() を使うことができる方法を紹介します。

使い方はシンプルで、fetch() や json() メソッドの前に await をつけ、その処理をする全体の関数の前に async と宣言するだけです。先ほど作った JSON を表示するコードを async／await を使って書き換えてみます。

リスト15-5 async/awaitで書き換える（await.html）

```
<!DOCTYPE html>
<html>
  <head>
    <meta charset="utf-8">
  </head>
  <body>
    <div class="result"></div>
    <script>
      async function showJsonText() {
        const response = await fetch('http://127.0.0.1:5500/
15/sample.json');
        const json = await response.json();
        const resultBox = document.querySelector('.result');
        resultBox.textContent = json.text;
      }
      showJsonText();
    </script>
  </body>
</html>
```

このコードには then( ) が出てきません。代わりに then( ) をつけていたメソッドの前に await があります。これが then( ) と同じ役割を持っていて非同期処理の実行結果を待機するようになります。then( ) メソッドをつなげて受け取っていた結果は、同期的な処理と同じように変数に代入することができます。

後続の response.json( ) メソッドも同様に非同期処理なので await で待機し、実際の JSON データを変数に格納して受け取っています。

また、await は原則 async 宣言された関数の中でしか使えないので、全体の処理を showJsonText( ) 関数としてまとめ、関数宣言の先頭に async をつけています。逆にいえば下記のようなコードはエラーになります。

```
<script>
// async宣言されていないawaitはエラーになる
const response = await fetch('http://127.0.0.1:5500/15/
sample.json');
</script>
```

async / await を使うことで同期的にコードを書けるため、then( ) での書き方に比べてコードの見通しがよくなります。通信処理をする場合はぜひ使ってみてください。

4　async ／ await で非同期処理を簡単に書く

第 16 章

総合演習

今まで学んできたことを応用してミニアプリを作ります。構文やブラウザオブジェクト、DOMの使い方を実践的に学ぶことができるので、ぜひ自分でコードを書いて動かしてみてください。その経験がプログラミングスキルの向上に最も有効な手段の1つです。

16 __ 1 カウントアップボタン

　まずはシンプルなボタンを押すと1つずつ数字が増えていくカウントアップ
ボタンを作ります。

カウントアップボタンのイメージ

｜ 仕様

- -

　アプリを作る前に、このアプリがどのような挙動をするのかを決めます。こ
れを**仕様**と呼びます。仕様が決まらないとコードを書くことができません。勢
いよくコードを書く前に落ち着いて仕様を整理しましょう。
　今回はボタンを押すと数字が増えるカウントアップアプリなので、以下の
3点を仕様とします。

- 画面には数字とボタンが配置されている
- ボタンを押すと画面上の数字が1加算される
- 数字は0から始まる

HTML を書く

まずは表示する数字と、ボタンを配置するHTMLを書きます。

```
<!DOCTYPE html>
<html>
  <head>
    <meta charset="utf-8">
  </head>
  <body>
    <div class="counter">0</div> •————— ❶
    <button class="countup" type="button">+1</button> •————— ❷
  </body>
</html>
```

❶カウントを表示します。JavaScriptでこの数値を書き換えるので、DOMを探索しやすいように class 属性で counter を指定します

❷ボタンを表示します。こちらも同様にクリックイベントを設定したいので、class 属性に countup を指定します

数値を加算する

続いて表示している数値に1を加算します。そのためには、今の数値がいくつかを知る必要があります。数値を表示している <div> タグの中のテキストを取得すればよさそうです。

特定の要素を取得するには querySelector() を使い、CSS セレクタを指定します。要素のテキストを取得するには要素オブジェクトに対して .textContent を使います（13-2節「要素を探す」参照）。

```
const counter = document.querySelector('.counter');
console.log(counter.textContent);
```

　　　　　　　　　　/　カウントアップボタン

0

　無事に今の数値である0を取得できましたね。あとはこの数値に1を足す処理をすればよさそうです。実際に試してみましょう。

```
const counter = document.querySelector('.counter');
console.log(counter.textContent + 1);
```

01

　なんと1ではなく01という出力結果になりました。これは、.textContentで取得した0が数値型ではなく文字列型だからです。文字列型の数字に対して+1をすると、文字列の結合になってしまいます（4-3節「数値型」参照）。
　文字列型のままだと加算処理ができないので、parseInt()を使って文字列型から数値型に変換します。parseInt()は引数に文字列の数字を渡すと数値型に変換してくれます。

```
const counter = document.querySelector('.counter');
console.log(parseInt(counter.textContent) + 1);
```

1

　無事に0に1が加算されたので、あとは表示に反映します。要素のテキストを書き換えるには.textContentに代入をするだけです。このコードを実行するたびに、画面に表示される数値が1、2、3、4……と加算されていきます。

第16章 総合演習

```
const counter = document.querySelector('.counter');
counter.textContent = parseInt(counter.textContent) + 1;
```

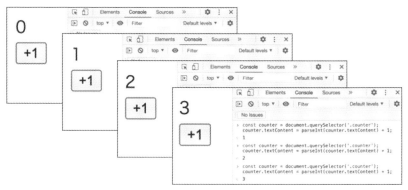

画面の数値が増えていく

クリックイベントを設定する

　次に先ほど書いた加算処理を、ボタンのクリックイベントに設定します。イベントは要素に対してaddEventListener()を使い、clickイベントを指定します（14-2節「イベントを使う」参照）。

```
const countupButton = document.querySelector('.countup');
countupButton.addEventListener('click', function() {
  const counter = document.querySelector('.counter');
  counter.textContent = parseInt(counter.textContent) + 1;
});
```

　これで無事にカウントアップアプリを作ることができました。最後に全体のコードを掲載しておきます。

カウントアップアプリ（countup.html）

```html
<!DOCTYPE html>
<html>
  <head>
    <meta charset="utf-8">
  </head>
  <body>
    <div class="counter">0</div>
    <button class="countup" type="button">+1</button>
    <script>
      const countupButton = document.querySelector('.countup');
      countupButton.addEventListener('click', function() {
        const counter = document.querySelector('.counter');
        counter.textContent = parseInt(counter.textContent) + 1;
      });
    </script>
  </body>
</html>
```

第
16
章

総合演習

Check Test

Q1 カウントアップアプリに以下の仕様を追加して拡張してください。

- カウントアップできるのは10まで
- 数値が10のときにボタンを押下するとアラート表示する

16 ___ 2 スクロール操作アプリ

　続いて、縦に長いページをスクロールしていくと、「上に戻る」ボタンが表示されるアプリを作ります。「上に戻る」ボタンをクリックすると、画面の一番上までスクロールが戻るようにします。

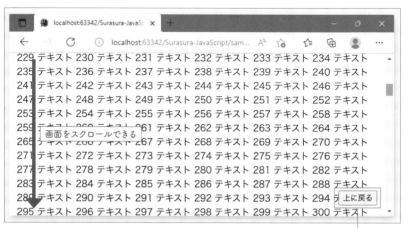

スクロール操作アプリのイメージ

仕様

　まずは仕様を確認します。

- 「上に戻る」ボタンは最初は非表示
- 画面を縦にスクロールすると「上に戻る」ボタンが表示される
- 一番上まで戻ると「上に戻る」ボタンが非表示になる
- 「上に戻る」ボタンをクリックすると、画面の一番上まで自動でスクロールする

HTML とダミーテキストを作る

　まずは縦スクロールができる程度に大量のダミーテキストが表示される Web ページを作ります。手動でテキストを打ってもよいのですが、大変なため JavaScript で動的に大量のテキストを生成します。またすでに「上に戻る」ボタンを設置していますが、この時点ではダミーテキストの下に配置されており、一番下までスクロールしないと表示されません。

```
<!doctype html>
<html>
  <head>
    <meta charset="UTF-8">
  </head>
  <body>
    <div class="dummy"></div>
    <button type="button" class="moveToTop">上に戻る</button>
    <script>
      const dummyContent = document.querySelector('.dummy');
      for(let i = 0; i < 1000; i++) {
        dummyContent.textContent += ` テキスト ${i} `;
      }
    </script>
  </body>
</html>
```

「上に戻る」 ボタンを画面下に固定する

　続いて「上に戻る」ボタンを画面下に固定する CSS を書きます。こうすることでスクロールをしても常に「上に戻る」ボタンが表示されるようになります。

```
<style>
  .moveToTop {
    position: fixed;
    bottom: 20px;
    right: 20px;
  }
</style>
```


第 16 章　総合演習

positionプロパティを使うと要素を画面上の任意の位置に配置できるようになります。通常の配置はHTML上の前後の要素に影響を受けますが、前後に関係なく画面の左下に固定配置することなどができます。今回はposition: fixedと指定しています。fixedはスクロールと無関係に、指定した位置に配置され続けます。座標はtop、bottom、left、rightプロパティに対して画面端からの距離をピクセル値で指定します。positionは奥が深いプロパティで習得が難しいですが、身につけると自由なレイアウトがデザインできるようになります。ぜひチャレンジしてみてください。

また、始めはボタンを非表示にする仕様なのでdisplayプロパティを追加しておきます。

```
display: none;
```

スクロールしたときに「上に戻る」ボタンを表示する

次にスクロールイベントを使って、非表示になっているボタンを表示させます。

```
window.addEventListener('scroll', function() {
  const button = document.querySelector('.moveToTop');
  if (window.scrollY >= 200) {
    button.style.display = 'block';
  } else {
    button.style.display = 'none';
  }
});
```

scrollイベントはスクロールされるたびに実行されます。window.scrollYで縦にスクロールしている距離がピクセル値で取得できます。今回は200px以上、縦にスクロールされたらボタンを表示するようにstyleプロパティを書き換えています。

2 スクロール操作アプリ

また、今までのクリックイベント（click）や入力イベント（input）は各DOM要素に対してaddEventListener()でイベント設定をしていました。しかし今回はブラウザ自体のスクロールなのでブラウザオブジェクトの頂点に存在するwindowオブジェクトに対してscrollイベントを設定します。

なおwindowオブジェクトは省略可能なので、以下のように書くこともできますが、何に対してイベント設定をしているのかがわかりづらくなるので、あえて書いておくことをおすすめします。

```
addEventListener('scroll', ...);
```

ページ上に戻る

最後に「上に戻る」ボタンをクリックしたら、ページの一番上に戻るようにします。今回はJavaScriptで指定のスクロール位置に移動させます。

```
const button = document.querySelector('.moveToTop');
button.addEventListener('click', function() {
  window.scrollTo({
    top: 0,
    behavior: 'smooth'
  });
});
```

window.scrollTo()メソッドを使うことでスクロール位置を操作することができます。topプロパティで縦スクロールの位置、leftプロパティで横スクロールの位置を指定できます。またbehavior: 'smooth'はオプションですが、指定をするとスクロールの挙動がなめらかになります。

```
window.scrollTo({
  top: 0,
  left: 0,
  behavior: 'smooth'
});
```

これで無事にスクロールするとボタンを表示するミニアプリができました。最後に完成したコードを載せておきます。

リスト16-2 スクロール操作アプリ（scroll.html）

```html
<!doctype html>
<html>
  <head>
    <meta charset="UTF-8">
    <style>
      .moveToTop {
        position: fixed;
        bottom: 20px;
        right: 20px;
        display: none;
      }
    </style>
  </head>
  <body>
    <div class="dummy"></div>
    <button type="button" class="moveToTop">上に戻る</button>
    <script>
      const dummyContent = document.querySelector('.dummy');
      for(let i = 0; i < 1000; i++) {
        dummyContent.textContent += ` テキスト ${i} `;
      }

      window.addEventListener('scroll', function() {
        const button = document.querySelector('.moveToTop');
        if (window.scrollY >= 200) {
          button.style.display = 'block';
        } else {
          button.style.display = 'none';
        }
      });

      const button = document.querySelector('.moveToTop');
      button.addEventListener('click', function() {
        window.scrollTo({
          top: 0,
          behavior: 'smooth'
        });
      });
    </script>
  </body>
</html>
```

スクロール操作アプリ

Check Test

Q1 スクロール操作アプリの仕様を以下のように変更してください。なおページ全体の高さは document.body.clientHeight で取得できます。

- ページの半分をスクロールしたらボタンが表示されるようにする

16 ___ *3* 簡易メモアプリ

　最後は簡易なメモアプリを作ります。テキストを入力すると箇条書きでメモを追加できるシンプルなアプリです。

メモアプリのイメージ

▌仕様

- -

　今回の仕様は以下の通りです。

- テキスト入力欄と追加ボタンが画面に配置されている
- テキストを入力し、追加ボタンを押下すると、リストの一番下に追加される

HTML を書く

まずは HTML を作ります。

```
<!doctype html>
<html>
<head>
  <meta charset="UTF-8">
</head>
<body>
<input type="text" class="new-memo">
<button type="button" class="add-memo">メモ追加</button>
<ul class="memo-list">
  <li>メモです</li>
</ul>
</body>
</html>
```

メモを入力するテキスト欄が必要なので<input type="text">、さらに
メモを追加する <button> タグを設置しました。最後にメモをリスト表示す
るための<ul>タグを設置します。新しいメモは<li>タグとして一番下に追
加されていきます。

入力内容を取得する

<input type="text">要素に入力したテキストは、valueプロパティ
で取得できます。

```
const newMemoInput = document.querySelector('.new-memo');
console.log(newMemoInput.value);
```

入力したテキストの取得

\<li\> 要素を作成して追加する

　入力されたテキストを元に\<li\>要素を作成します。要素の作成には
`document.createElement()`を使います（13-5節「要素を作成する」参照）。

```
const newMemoInput = document.querySelector('.new-memo');

const newMemo = document.createElement('li');
newMemo.textContent = newMemoInput.value;
```

　作成した要素はそのままでは画面に表示されないので、`append()`を使って
\<ul\>要素の子要素として追加します。

```
const newMemoInput = document.querySelector('.new-memo');

const newMemo = document.createElement('li');
newMemo.textContent = newMemoInput.value;

const memoList = document.querySelector('.memo-list');
memoList.append(newMemo);
```

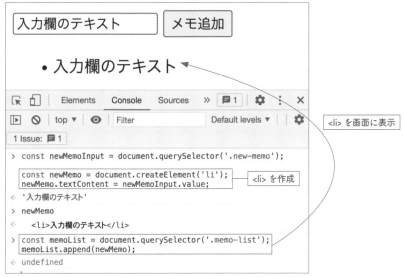

作成した要素を画面に表示させる

これで入力したテキストを新しいメモとして追加する処理ができました。

メモの追加をクリックイベントに設定する

最後に「メモ追加」ボタンに対して、先ほど書いたコードをクリックイベントとして設定すれば完成です。

```javascript
const addMemoButton = document.querySelector('.add-memo');
addMemoButton.addEventListener('click', function() {
  const newMemoInput = document.querySelector('.new-memo');

  const newMemo = document.createElement('li');
  newMemo.textContent = newMemoInput.value;

  const memoList = document.querySelector('.memo-list');
  memoList.append(newMemo);
});
```

最後に完成したコードを掲載します。

リスト 16-3 簡易メモアプリ（memo.html）

```html
<!doctype html>
<html>
<head>
  <meta charset="UTF-8">
</head>
<body>
<input type="text" class="new-memo">
<button type="button" class="add-memo">メモ追加</button>
<ul class="memo-list"></ul>
<script>
  const addMemoButton = document.querySelector('.add-memo');
  addMemoButton.addEventListener('click', function() {
    const newMemoInput = document.querySelector('.new-memo');

    const newMemo = document.createElement('li');
    newMemo.textContent = newMemoInput.value;

    const memoList = document.querySelector('.memo-list');
    memoList.append(newMemo);
  });
</script>
</body>
</html>
```

■ Check Test

Q1 簡易メモアプリに以下の仕様を追加して拡張してください。

- メモを追加したら、入力欄の内容をリセットする

Check Testの
解答例

「Check Test」の解答例を示します。間違えてしまった箇所やわからなかった箇所は、もう一度本文を見直して、理解度をアップさせましょう。

Answer

Check Test の 解 答 例

第2章

2-1

A1 Ⓑ

2-2

A1 ⒷⒸⒺ

A2 ⒶⒷⒹ

第3章

3-1

A1 ⒶⒷⒸ

3-2

A1
```
// どちらかであれば正解
let number = 1000;
const number = 1000;
```

A2
```
// どちらかであれば正解（ダブルクォーテーションでも可）
let lang = 'JavaScript';
const lang = 'JavaScript';
```

A3 const は再代入ができない・初期値なしでは宣言ができない。

3-3

A1 ⒶⒹⒺ

A2 される

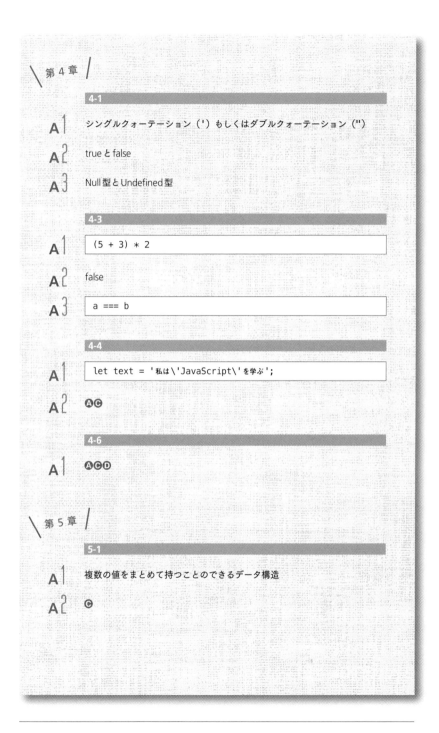

第 4 章

4-1

A1 シングルクォーテーション（'）もしくはダブルクォーテーション（"）

A2 true と false

A3 Null 型と Undefined 型

4-3

A1
```
(5 + 3) * 2
```

A2 false

A3
```
a === b
```

4-4

A1
```
let text = '私は\'JavaScript\'を学ぶ';
```

A2 Ⓐ Ⓒ

4-6

A1 Ⓐ Ⓒ Ⓓ

第 5 章

5-1

A1 複数の値をまとめて持つことのできるデータ構造

A2 Ⓒ

5-2

A1
```
const foods = ['寿司', 'カレー', 'ラーメン'];
```

A2　0

A3
```
console.log(foods[1]);
```

5-3

A1　Ⓒ

A2
```
foods.push('パスタ');
```

A3
```
['寿司', 'カレー']
```

＼第6章／

6-1

A1　B

A2
```
if (age == 18) {
  console.log('新成人');
} else if (age > 18) {
  console.log('成人');
} else {
  console.log('未成年');
}
```

6-2

A1　Ⓐ

6-3

A1
```
const c = (a <= b) ? a : b;
```

A1 　Ⓑ

＼ 第 7 章 ／

A1 　Aは初期化式で、ループカウンターを初期化する。Bは条件式で、ループ処理を継続するか判断する。Cは加算式で、ループを実行するたびにループカウンターを加算する。

A2
```
for (let i = 5; i < 11; i++) {
  console.log(i);
}
// もしくは
for (let i = 5; i <= 10; i++) {
  console.log(i);
}
```

A1
```
let count = 1;
while (count < 6) {
  console.log(count);
  count++;
}
```

A1 　Ⓐ

A2 　変数がconstで宣言されているため再代入ができない。

＼ 第 8 章 ／

A1 　ⒷⒸ

A1
```
function evenOrOdd(number) {
  if (number % 2 === 0) {
    return '偶数';
  }
  return '奇数';
}
```

A2 ⒷⒹ

A1
```
function formatName(name, title = 'さん') {
  return `${name}${title}`;
}
```

A1 ⒶⒷⒹ

A1 10

A2 Ⓐ

第9章

A1 プロパティとメソッド

A1
```
const bicycle = {
  color: '赤',
  inch: 25
}
```

A2
```
bicycle['color'];
// もしくは
bicycle.color;
```

A3
```
bicycle['inch'] = 16;
// もしくは
bicycle.inch = 16;
```

A1
メソッドはオブジェクトに紐づく。実行する際にはオブジェクトに続いて.メソッド名()とつける。

\第11章/

A1
HTMLはページの骨格、CSSは装飾、JavaScriptは動きの役割。

A2
HTMLは規定のルールで文章を構造化しブラウザに理解してもらえる。

A1
<と>

A2
閉じタグがない。

A1
<body>タグの中

> ヒント：ページ全体は<html>、ページ自体の情報は<head>に記述します。

A2
ⓒ

> ヒント：ドットを省略した場合は./と同じ意味なので、同じディレクトリ階層です。

A1
<style>タグの中

A2
```
div {
    font-size: 32px;
}
```

A3
```
#foo {
  color: red;
}
```

A4
```
.bar {
  font-size: 32px;
  color: red;
}
```

11-5

A1 <script>タグの中

\第 12 章 /

12-1

A1 windowグローバルオブジェクト

12-2

A1
```
alert('アラートを表示します');
```

A2 Ⓐ

A3
```
close()
```

12-3

A1
```
location.href = 'https://www.example.com/';
```

A2
```
history.back();
// もしくは
history.back(-1);
```

13-1

A1 document ／ window.document

A2 JavaScript から HTML を簡単に操作するための機能。

A3 ツリー構造

解説：親と子の関係になっています。

13-2

A1
```
document.querySelector('#test');
```

A2
```
document.querySelector('.test');
```

A3
```
document.querySelectorAll('.item');
```

13-3

A1 textContent もしくは innerText。
本書では解説していませんが、innerText でもテキストを変更できます。
改行コードが `<br>` タグに自動変換される点が、textContent と異なります。

A2
```
const link = document.querySelector('a');
link.href = 'https://example.com/surasura';
```

13-4

A1
```
const element = document.querySelector('p');
element.style.letterSpacing = '10px';
```

A2
```
const element = document.querySelector('.java');
element.classList.replace('java', 'javascript');
```

13-5

A1
```
const element = document.createElement('div');
element.textContent = '新しく作る要素';
```

A2 ⓐⓒ

\ 第 14 章 /

14-1

A1 システム内で発生した出来事を、システムに知らせる。

A2 ⓑ

14-2

A1 ⓒ

\ 第 15 章 /

15-1

A1 ⓐⓑ

A2 ⓐⓑ ⓓ

15-3

A1

A	then
B	return response.json();
C	then

\ 第 16 章 /

16-1

A1
```
const countupButton = document.querySelector ⏎
('.countup');
countupButton.addEventListener('click', function() {
  const counter = document.querySelector('.counter');
  const count = parseInt(counter.textContent);
  if (count > 9) {
    alert('カウントアップはできません。');
  } else {
```

Check Test の解答例

```
    counter.textContent = count + 1;
  }
});
```

解説：「countup_checktest.html」というファイル名でサンプルコードを
用意しています。

A¹
```
// if (window.scrollY >= 200) { の条件式の部分を、ページ全体の⏎
高さに変更
if (window.scrollY >= document.body.clientHeight / 2) {
  // 以降は同じ
  button.style.display = 'block';
} else {
  button.style.display = 'none';
}
```

解説：「scroll_checktest.html」というファイル名でサンプルコードを用
意しています。ページ全体の高さはdocument.body.clientHeight
で取得することができます。ページの半分までスクロールしたらボタン
を表示したいので、clientHeightを2で割ると半分の位置が計算でき
ます。

A¹
```
addMemoButton.addEventListener('click', function() {
  const newMemoInput = document.querySelector⏎
('.new-memo');
  // 省略
  newMemoInput.value = '';
});
```

解説：「memo_checktest.html」というファイル名でサンプルコードを用
意しています。解答例では<input type="text">の入力内容を
valueプロパティで取得しましたが、逆にvalueプロパティに代入する
ことで内容を更新できます。空文字を代入することでリセットできます。

索引

■著者

桜庭 洋之（さくらば・ひろゆき）

中学生でインターネットに出会いプログラミングにはまる。自宅サーバやルータ自作をし、大量トラフィックサービスを運営してきた。現在は、株式会社ベーシックに所属し、Webからスマホアプリまで様々な開発をしている。何の役にも立たない「無駄だけど面白いコード」を書くのが好き。自身のYouTube「ムーザルちゃんねる」でプログラミング動画を発信している。
Twitter：@zaru
YouTube：「ムーザルちゃんねる」https://www.youtube.com/c/moozaru

望月 幸太郎（もちづき・こうたろう）

Webアプリケーションを開発するエンジニア。大学では数学、アルゴリズムの計算量などについて学んだ。より良いソフトウェアを求めて、チームづくりやコード設計について日々試行錯誤している。プログラミングと数学と芸術が好き。
Twitter：@moobugs

装丁・本文デザイン	新井 大輔
イラスト・マンガ	ヤギワタル
DTP	株式会社シンクス
編集	大嶋 航平

スラスラわかるJavaScript 新版

2022年7月13日　初版第1刷発行
2024年7月 5日　初版第3刷発行

著　者	桜庭 洋之（さくらば・ひろゆき） 望月 幸太郎（もちづき・こうたろう）
発行人	佐々木 幹夫
発行所	株式会社 翔泳社（https://www.shoeisha.co.jp）
印刷・製本	株式会社 ワコー

ISBN978-4-7981-7326-9　　　　　　　　　　　　　　Printed in Japan